Die Bedeutung der Getreidemehle für die Ernährung

Von

Dr. Max Klotz
Arzt am Kinderheim Lewenberg und Spezialarzt für Kinderkrankheiten in Schwerin

Mit 3 Abbildungen

Springer-Verlag Berlin Heidelberg GmbH 1912

ISBN 978-3-662-38618-7 ISBN 978-3-662-39474-8 (eBook)
DOI 10.1007/978-3-662-39474-8

Vorwort.

In den nachfolgenden Ausführungen — die einen erweiterten Abdruck meiner Arbeit in Band VIII der „Ergebnisse der inneren Medizin und Kinderheilkunde“ darstellen — ist zum ersten Male der Versuch gemacht worden, die Bedeutung der Getreidemehle für den Stoffhaushalt des Menschen und der höheren Organismen zu einem abgerundeten Bild zusammenzufassen.

Während wir über die Rolle der Mono- und Disacharide in der Ernährung relativ gut unterrichtet sind, war über die Beziehungen höhermolekularer Kohlehydrate zum Kohlehydrat- und Gesamtstoffwechsel des Menschen bis vor etwa einem Jahrzehnt nicht mehr bekannt, als in der „Malzsuppe“ Kellers und den Untersuchungen Gregors über kohlehydratreiche Nahrung niedergelegt ist.

Seit jener Zeit ist aber die Erforschung dieses Teilgebietes mit Erfolg in Angriff genommen worden, und wenn in dem vorliegenden Buche Darlegungen über Stoffwechsel und Ernährung des Säuglings und junger Kinder einen breiten Raum einnehmen, so ist das die einfache Folge des Umstandes, daß die Kinderärzte bisher die Hauptarbeit auf diesem Gebiet in Theorie und Praxis geleistet haben.

Andererseits fällt die vorliegende Publikation in eine Zeit, die deutlich das vermehrte Interesse erkennen läßt, welches auch die interne Medizin den Getreidemehlen entgegenbringt.

Endlich möchte ich darauf hinweisen, daß es nicht in meiner Absicht lag, technisch diätetische Fragen der Ernährung mit Amylaceen abzuhandeln. Den Kern meiner Ausführungen bilden vielmehr die Wechselbeziehungen zwischen Amylaceen und Stoffwechsel: ihr Schicksal im Magen-Darmkanal und ihre biologische Bedeutung für den höheren Organismus.

Schwerin, September 1912.

Der Verfasser.

Inhaltsverzeichnis.

Einleitung.

Fast ein halbes Jahrhundert hindurch spielte in der Lehre von der Ernährung das Eiweiß die Hauptrolle. Dank den Liebig-Voitschen Lehren bildete für die Mediziner das Problem des Eiweißstoffwechsels den Kern der Physiologie der Ernährung überhaupt. Es entwickelte sich hieraus eine Überschätzung dieses für den Organismus wertvollen und unersetzlichen „königlichen" Nährstoffes, die auch für das volkswirtschaftliche Leben tief einschneidende Bedeutung gewann: die Überbewertung des Fleischgenusses.

Alle Extreme sind abnorm und man erkannte — wenngleich auch heute noch keineswegs allerseits — daß die Überschätzung des Eiweißes ein Extrem war. Man lernte, daß auch Fett, Kohlehydrate und Salze unentbehrlich für den gesamten Zellstaat des Körpers waren, begann die Bedeutung dieser Nahrungskomponenten für den Stoffumsatz zu studieren und zu würdigen und fand endlich die überraschende Tatsache, daß wir weit weniger Eiweiß zum Gedeihen bedürfen als das Dogma lehrte.

Die Bedeutung einer richtigen Korrelation aller organischen und anorganischen Nahrungsstoffe wird heute als Grundlage der Ernährungslehre angesehen. Die speziellen Funktionen dagegen, welche Fett, Kohlehydrate und Salze im Stoffhaushalt des Menschen ausüben, harren in vielen, wenn nicht in den meisten Beziehungen noch der Aufklärung. Hier sind die Kenntnisse entfernt nicht so gesichert wie auf dem Gebiet des Eiweißstoffwechsels.

Was den Kohlehydratstoffwechsel anbetrifft, so konzentrierte sich das Interesse der Forscher fast ausschließlich auf die Hexosen und Biosen. Erst auf Umwegen kam man dazu, auch dem Abbau der höhermolekularen Kohlehydrate Beachtung zu schenken. Besonders für die Kinderärzte hatte das Mehlproblem schon seit langem ein spezielles Interesse besessen und mancherlei Anläufe zur Lösung dieser Frage gezeitigt.

Der wichtigste Anlaß aber leitete sich aus der Pathologie her: Die außerordentliche Gefährlichkeit des Fortfalls sämtlicher Kohlehydrate aus der Nahrung und die Entdeckung des überraschenden therapeutischen Erfolges der Mehle bei Diabetes, der sich an den Namen v. Noordens knüpft.

In dem vorliegenden Werke ist zum ersten Male der Versuch gemacht, alles was wir bisher an Kenntnissen über die Rolle der Mehle im Stoffhaushalt des Menschen bzw. der höheren Organismen besitzen, zu einem abgerundeten Bilde zusammenzufassen.

Allgemeines über die Getreidemehle.

Der Artcharakter der Getreidefrüchte als Nährstoff ist dadurch gekennzeichnet, daß sich Eiweiß und Kohlehydrate wie 1 : 7 verhalten.

Der Gehalt an Kohlehydrat ist also enorm, der an Eiweiß gering. Noch geringer ist der Fettgehalt, der nur beim Hafer und Mais überhaupt nennenswert erscheint. Die Getreidefrüchte sind ferner ausgezeichnet durch Mineralarmut, nur die Phosphorsäure findet sich bei einigen in genügender Menge vor.

Aus diesen Kriterien ergeben sich ohne weiteres Vorteile und Nachteile dieses Nahrungsmittels. Der gewaltige Vorrat an Energiespendern, welcher in den Kohlehydraten aufgespeichert ist, wird durch die geringe Eiweiß- und Salz-, die unzureichende Fettmenge paralysiert. Eine Ernährung mit Mehlprodukten allein würde auf die Dauer unvereinbar sein mit normalem Gedeihen des menschlichen Organismus. So sehen wir beispielsweise bei einseitig mit Mehlsuppen (ohne Milch) ernährten Säuglingen den charakteristischen Mehlnährschaden (Czerny) auftreten; bei Erwachsenen entstehen skorbutartige Erscheinungen. Holst erzeugte bei Meerschweinchen durch ausschließliche Fütterung mit gewissen Cerealien, beispielsweise Haferkörnern, experimentellen Skorbut.

Zu den am meisten angebauten Körnerfrüchten gehört der Weizen. Leider geht beim Mahlen der größte Teil des Klebers und der Salze verloren. Weizenmehl und Weizenkleie verhalten sich nach Rubner folgendermaßen in bezug auf Eiweiß und Stärke:

	Mehl	Kleie
Eiweiß	11,6 Proz.	13,9 Proz.
Stärke	86,4 „	81,9 „

Andererseits ist die Kleie sowieso infolge ihres hohen Cellulosegehaltes für den Verdauungstraktus des Menschen zum größten Teil unverwertbar. Rubner hat berechnet, daß der volkswirtschaftliche Verlust durch die Kleie pro Jahr 780 Millionen Mark beträgt. Weizenkleber findet bei der Fabrikation der außerordentlich nahrhaften — besonders wenn sie mit Eigelb hergestellt werden — Makkaroni Verwendung.

Feines Weizenmehlbrot hinterläßt kaum irgendwelche Schlacken im Verdauungskanal.

Die Anregung der Darmperistaltik durch Roggenbrot (Graubrot) ist eine viel energischere. Der Roggen ist fett- und salzreicher als der Weizen, büßt diese Vorteile jedoch durch die schnelle Darmpassage wieder ein.

Gerstenmehlbrot wird ähnlich wie Haferbrot in der Ernährung des Menschen wenig verwendet. In größerem Maßstabe wird es in Schweden konsumiert. Es wird ähnlich schlecht ausgenützt wie das Haferbrot infolge des hohen Cellulosegehaltes, der für den Hafer charakteristisch ist.

Die hohe Bedeutung des Hafers für die Fütterung der Pferde ist bekannt. Keine andre Körnerfrucht kann nach Kellner mit dem Hafer in dieser Hinsicht rivalisieren.

In der Ernährung des Menschen beginnen neuerdings aufgeschlossene industrielle Haferpräparate z. B. die Quaker Oats, Haferflocken usw. mit Recht eine größere Rolle zu spielen. Die Cellulosehüllen sind hier teils entfernt, teils gelockert. Es wäre zu wünschen, daß ein so wertvolles Gericht wie das englische Porridge — dicker Haferflockenbrei mit Milch oder Sahne angerührt, ev. 1—2 Eigelb dazu — auch bei uns weitere Verbreitung fände.

Buchweizen und Hirse werden in unserem Vaterlande noch wenig verwendet. Lorand erwähnt, daß in Ungarn und Steiermark aus Buchweizen hergestellte, wohlschmeckende Klöße beliebt sind. Leichter verdaulich als diese Tapiokakuchen sind dagegen Maismehlkuchen, eine bei uns noch wenig gekannte, nahrhafte Speise. Lorand rühmt diese Maiskuchen sehr, die mit Butter, Fruchtsirup, Honig — je nach Geschmack — genommen werden können. In dieser Hinsicht könnte unsere Küche sich manches englisch-amerikanische Frühstücksgericht zum Muster nehmen.

Die sehr empfehlenswerte Maismehlstärke beginnt bei uns als Maizena, Mondamin zur Herstellung der Säuglingsnahrung Verwendung zu finden, desgl. zu Puddings usw.

Endlich ist noch des Reiskorns und Reismehles zu gedenken, die beide ebenfalls noch viel zu wenig Eingang in unsere Küche gefunden haben. Ähnlich wie das Weizenkorn einen großen Teil seines Kleber- und Salzgehaltes in der Kleie zurückläßt, so verliert auch das Reiskorn beim Schälen, Polieren sein Silberhäutchen und damit das Hauptdepot seiner Salze und des Proteins.

Die Schmackhaftigkeit hängt davon ab, wie lange man das Reiskorn mit Wasser auf dem Feuer läßt. Allzulanges Kochen ist unvorteilhaft. Am besten erweist sich nach Lorand das Dämpfen.

Alle Cerealienkörner (Graupen, Gries, Grützen) dürfen nicht mit Milch aufgekocht werden. Die Gerinnung des Kaseins um die Körner verhindert die Aufschließung. Erst nach dem Aufweichen und Kochen im Wasser hat der Milch- oder Sahnezusatz zu erfolgen.

Lorand warnt Diabetiker dringend vor dem Reis. Wenn der Reis in Form einer Kohlehydratkur Verwendung findet, ist jedoch gar nichts gegen seinen Genuß einzuwenden. Machte sich v. Düring doch s. Zt. gerade durch seine Reiskuren berühmt.

Die Folgen einseitiger, ausschließlicher Ernährung mit poliertem Reis dokumentieren sich in der bekannten Beriberi-Erkrankung, die sich nach Erfahrungen der Japaner vollkommen vermeiden läßt, wenn neben dem Reis Fleisch genossen wird.

„Die Empfehlung von Cerealien erstreckt sich über Jahrtausende.
Es ist der Fluch der Kinder gewesen, daß sie oft Mütter hatten, welche sie bis auf den heutigen Tag mit stärkemehlhaltigen Substanzen, ausschließlich gegeben, zu Tode fütterten."
(Jacobi-New York 1909.)

I. Geschichte des Problems der Ernährung mit Mehlen.

Bei der Ernährung von Säuglingen und jüngeren Kindern hat man von altersher ausgiebigen Gebrauch von den Getreidemehlen gemacht. Die Ansichten der Kinderärzte in dieser Frage wechselten, man möchte sagen, wie die Mode. Jahn[91]) (1803) bekennt sich als Freund amylaceenhaltiger Beikost. Ist die natürliche Ernährung unmöglich, so muß der Neugeborene mit süßer Molke oder Reis-Gerstenwasser oder Milchwasser (1 Teil Milch, 2—3 Teile Wasser) ernährt werden. „Eine Art der Erziehung, die ungemein viel Fleiß, Sorgfalt, Reinlichkeit und Gewandtheit erfordert." Schwierig ist die Ausmittelung der angemessenen Nahrung, „das größte Kunststück: sie gehörig beizubringen". „Nach den ersten 8—14 Tagen muß außer der flüssigen auch eine etwas festere Nahrung beigebracht werden." Jahn empfiehlt hierzu einen dünnen, ausgepreßten, aufgekochten Zwiebackwasserbrei mit Zucker.

Schon 1826 wettert dagegen Jörg[92]), Hofrat und Ordinarius für Geburtshilfe in Leipzig — im Hinblick auf Zweifel eine interessante Reminiszenz — energisch gegen die Zwiebackfütterung, da Bau und Funktion des Darmkanals die jungen Säuglinge dazu noch nicht befähige. In den ersten 4—6 Monaten darf jedenfalls keine mehlhaltige Nahrung gegeben werden, wenn es gilt, ein Kind künstlich großzuziehen.

Der Protest Jörgs scheint wirkungslos verhallt zu sein, denn die Mehlpäppelei der Säuglinge des 19. Jahrhunderts ist ja bekannt. Man dachte durch Zusatz von Mehl zur Milch die Gerinnung im Magen zu einer feinflockigen, der Frauenmilch ähnlichen, zu gestalten. Andererseits glaubte man den Ausfall des Nährwertes der Kuhmilch infolge der Wasserverdünnung durch Addition eines Kohlehydrates korrigieren zu müssen. Es kam dann jene Zeit, da die Nahrungsmittelindustrie sich dieses pekuniär lohnenden Gebietes annahm und uns die Kindermehle bescherte, wofür sich eine leider größtenteils kritiklose Ärzteschaft bereitwillig als Vorspann mißbrauchen ließ.

In seiner lebhaften Art schildert uns Jacobi[86]) diese traurige Epoche, da ein Kindermehl nach dem anderen, eines immer besser als das andere, mit hochtrabenderem Namen, mit physiologisch-chemischem Mäntelchen verbrämt, mit immer aufdringlicherer Reklame, den Markt der praktischen Ernährungslehre betrat. Als sich um die Namen Nestlés und Kufekes ein Heiligenschein wob.

Ein Beispiel für die Naivität, mit der man damals die Kindermehle usw. in die medizinische Literatur einführte, ist der bereits 1877 von Jacobi so boshaft kritisierte Artikel des Geheimrates und Professors Lebert[113]). Dieser Autor verkündete, daß „ein trefflicher deutscher Chemiker, Nestlé in Vevey in der Schweiz", das „Rätsel gelöst" habe, ein haltbares Milchpulver zu erfinden und druckt vertrauensvoll die ihm vom „sorgsamen Chemiker der Fabrik mit Einwilligung des Herrn Nestlé" in die Hand gedrückten Analysen ab.

Es wurden übrigens nicht nur Deutschland, sondern alle Kulturländer der alten und neuen Welt mit diesen Kindermehlen, Nährpulvern, Milchmehlpräparaten usw. überschwemmt, die, wie Jacobi mit bitterem Sarkasmus bemerkt „von Neugeborenen, Erwachsenen, Gesunden, Kranken und Genesenden mit gleichem Vorteil für den Verkäufer genommen werden können".

Die Reaktion sollte nicht ausbleiben. Man erinnerte sich der schon länger zurückliegenden Untersuchungen von Bidder und Schmidt[15]), legte ferner den neueren Studien von Ritter[157]), von Korowin[104]) und Zweifel[214]) große Bedeutung bei und kam zu dem Schluß, daß die diastasierende Fermentfunktion beim jungen Säugling rückständig sei, obwohl bereits damals einige Gegenstimmen laut wurden.

Bidder und Schmidt stellten fest, daß die sofortige Saccharifizierung von Stärke durch Mundspeichel beim Erwachsenen wenige Sekunden, beim 4 monatigen Säugling dagegen 1 Stunde auf sich warten ließ.

Ritter v. Rittershain vermißte Rhodankalium während der ersten 6 Lebensmonate und hielt es für erwiesen, „daß in den ersten 6 Wochen, gewiß jedoch meist noch länger hinaus, keine saccharifizierende Wirkung des Mundsekretes beim Kinde nachgewiesen werden könne". Korowin fand das Pankreas während des ersten Lebensmonates völlig amylolytisch unwirksam. Erst in späteren Monaten begann es saccharifizierende Fähigkeiten zu erlangen. Zweifels Untersuchungen ergaben ebenfalls eine subnormale Funktion des diastatischen Fermentapparates bei jungen Säuglingen.

Alles in allem also eine eklatante Abhängigkeit dieser Funktion vom Alter, was auch Vierordt[210]) veranlaßte, sich „gegen die Verwendung von Stärkemehl bei der künstlichen Ernährung im ersten Kindesalter" auszusprechen. Diese Untersuchungen, die nach damaligen Begriffen als exakt gelten mußten, fanden ein dankbares Gelehrtenpublikum. Es spielte sich im kleinen pädiatrischen Staate eine Revolution ab, und die Begeisterung der Gironde pour les principes immortels de 1789 konnte einst nicht ehrlicher gewesen sein, als der Feuereifer, mit dem der jahrzehntelang heruntergeschluckte Groll der Pädiater gegen alles, was Mehl hieß, jetzt losbrach. Es kam eine Periode, da jeder Mehlzusatz zur Säuglingsnahrung als entbehrlich, ja als kunstwidrig hingestellt wurde, obwohl die Mehlfabrikanten alsbald den neueren Anschauungen Rechnung trugen und aufgeschlossene Mehlpräparate auf den Markt brachten.

Die führenden Pädiater jener Zeit gingen in der Ablehnung der Mehlzulage teilweise sehr weit. Henoch[76]) warnte davor, vor der

10. Woche amylaceenhaltige Nahrung zu verabreichen, weil „die Speichelsekretion zu geringfügig" sei. Unger[197]) exponiert sich 1894 in folgender Weise: „Der Übelstand, der allen hierhergehörigen Präparaten („Kindermehlen und Dextrinen, einschließlich der seinerzeit hochgeschätzten Liebigsuppe") anhaftet, liegt in ihrem Gehalt an Stärkemehl, in ihrer Unverdaulichkeit durch die Verdauungssäfte des Säuglings, respektive in der noch mangelnden oder unvollkommen funktionierenden Tätigkeit der Speicheldrüsen vor dem ersten Halbjahr. Die Zufuhr einer mehlhaltigen Nahrung innerhalb dieser Altersperiode . . . muß demnach als direkt schädlich bezeichnet werden."

Uffelmann[196]) äußert sich nicht weniger entschieden. „Da dieses (id est Amylum) von Säuglingen der ersten 10—12 Wochen nur in sehr geringen Mengen, selbst von Säuglingen des zweiten und dritten Lebensquartals nicht rasch und vollständig verdaut wird, das unverdaute Amylum aber leicht einer sauren Gärung anheimfällt, so darf kein Kind Zubereitungen aus Kindermehlen bekommen, ehe es nicht mindestens in den 10. Monat eingetreten ist, ja es ist dringend geraten, Kindermehle, wenn überhaupt, nicht vor Beginn des zweiten Jahres zu verabfolgen." Seitz[183]) rät den Zahndurchtritt abzuwarten und erst gegen Ende des dritten Lebensquartals Mehle zu verfüttern. Biedert[16]) warnt ebenfalls, „Stoffe, die erst noch der Zuckerung durch den Speichel bedürfen, stärkehaltige, mehlige Substanzen, vor dem Zahndurchbruch, oder wenn, dann nur spärlich zu geben." „Solche Farinacea, die vorzugsweise Stärkemehl in sehr hohem Prozentsatz enthalten, wie Kartoffeln, Mais, Reis, Arrow-root müssen natürlich vermieden werden" (Jacobi[86]).

Marfan[126]): „Jusqu'au 10ième mois, le lait doit être la seule nourriture de l'enfant. On peut commencer à donner une bouillie à cet âge lorsque le nourrisson est sain . . . et possède au moins 4 incisives. Dans les cas contraires il vaut mieux attendre jusqu'au 12ième ou 14ième mois." Als Amylaceen, die man zur Beikost unter dieser strengen Indikation verwenden soll, erwähnt Marfan Weizen, Brot, Racahout, Arrow-root.

Man warf der frühzeitigen Ernährung mit Amylaceen ferner die Entstehung von Anämie vor, wobei man sich besonders auf Beobachtungen von Demme berief, die keineswegs kritisch einwandfrei waren (Gregor[63]).

Eine seltene Einigkeit vereinte also in diesem Punkte und zu dieser Zeit die führenden Pädiater. „Aus diesen Tatsachen hat dann die Kinderheilkunde den richtigen Schluß gezogen, für die Kinder der ersten Lebenswochen die Einführung stärkehaltiger Kohlehydrate zu untersagen, da dieselben eben nicht verdaut werden können. Dieser Satz war ein unangefochtenes Gemeingut der wissenschaftlichen Pädiatrie geworden" (Schloßmann[76]).

Als dann die Ära der dextrinisierten Kindermehle anbrach, räumte man diesen eine gewisse Sonderstellung ein: während „gewöhnliche Mehle unter allen Umständen von jedem denkenden Arzte als zur Ernährung des Säuglings vor Ablauf des ersten Halbjahres des Kindes ungeeignet erklärt" wurden, durften Kufekemehlsuppen schon an Neugeborene verabreicht werden (Kraus[105]), Drews[39]).

Die Empirie dagegen ließ sich von den theoretisierenden wissenschaftlichen Zeit- und Modeströmungen nur bis zu einem gewissen Grade beeinflussen. Der Volksbrauch hielt zäh fest am Getreidemehl, denn das Gedeihen zahlreicher Säuglinge bei diesem Zusatz zur Milchnahrung bewies die Zweckmäßigkeit desselben.

Es dauerte daher auch nicht lange, und es kam wieder Leben und Unruhe in den stillen Karpfenteich. Heubner[79]) und Carstens[28]) wiesen nach, daß sogar atrophische Säuglinge Amylaceen hervorragend zu verdauen vermochten. Bei einem Versuchskind von Carstens, das etwa 13 Stunden nach der Aufnahme von 22,5 Reismehl starb, wurden 14,8 wiedergefunden. Selbst der moribunde Atrophiker hatte also noch 34,2 Proz. Mehl abgebaut. Heubner begründet seine Studien über die Mehlverdauung folgendermaßen: „Es war jedem Arzte längst geläufig, daß schon junge Säuglinge oft genug Mehl verdauen können. Wir wollten versuchen, den Widerspruch zwischen der praktischen Erfahrung und den traditionellen Darstellungen der pädiatrischen Lehrbücher, die ... auch mit den neuen Lehren der Physiologen nicht mehr sich deckten, aufzuhellen."

Seit jenen Tagen ist dann das Mehlproblem nicht zur Ruhe gekommen — wenn auch zu keinem Abschluß. Ich erwähne hier nur die ausgedehnten Untersuchungen der Breslauer Schule Czernys, durch die zum ersten Male strikte Indikationen für die Korrektur der Nahrung durch Mehl aufgestellt wurden und die Bedeutung des Mehles in der Pathologie der Ernährung zu erforschen begonnen wurde. Damit war jedoch der verheißungsvolle Anlauf zur Lösung des Mehlproblems zum Stillstand gekommen, das Interesse wandte sich anderen Gegenständen zu, zumal die Differenzen in den Anschauungen zu stark aufeinander prallten,

Escherich lehrte, daß die Menge der vergorenen Kohlehydrate kaum für die Stoffwechselbilanz in Betracht käme. Schloßmann dagegen trat für eine sehr weitgehende Vergärung des Mehles ein. Die Frage nach dem Schicksal des Mehls im Säuglingsdarm blieb eine offene. Man hatte sich zwar auf eine Theorie des Mehlabbaues geeinigt, diese war aber weit entfernt davon, befriedigend genannt werden zu dürfen. Man nahm an, daß die Wirkung der Mehle im Stoffhaushalt der des Zuckers gleichzusetzen sei. Diese Anschauung ließ manche Punkte unerklärt, z. B. die Differenz der Wirkung von nativen Zuckerarten einerseits, Mehl andererseits. Wenn Mehl für den Organismus nichts anderes als Zucker bedeutete, mußte man bei Ersatz des Mehles durch Zucker logischerweise die gleichen Ernährungsresultate erwarten. Der klinische Erfolg sprach aber eindringlich gegen diese Ersatzversuche. Man behalf sich daher mit der Annahme, daß eben der langsame Abbau der Getreidemehle im Organismus über lösliche Stärke, Dextrine, Doppelzucker usw. unbedingt nötig sei.

Ein weiterer wunder Punkt war die Tatsache, daß ein durch einseitige Mehlfütterung entstehendes wohlbekanntes Krankheitsbild beim Säugling — der Mehlnährschaden Czernys — klinisch ganz anders verläuft als die Schädigung durch einseitige Ernährung mit Zucker.

Auch die Annahme, die nach der Entdeckung der überraschend hohen Toleranz des Säuglings für die Maltose nahe lag, daß nämlich die Mehlabbauprodukte möglicherweise in dieser Phase zur Resorption gelangen dürften, erwies sich als wenig wahrscheinlich, nachdem Usuki[198]) gezeigt hatte, daß die bekannte günstige Wirkung des Malzextraktes nicht mit derjenigen der Maltose zu identifizieren sei.

Es muß ferner auffallen, worauf Keller[93]) zuerst hingewiesen hat, daß Malzextraktzusatz zur Milch schlechtere Ernährungserfolge zeitigte, als die gleichzeitige Verwendung von Weizenmehl und Malz. Durchfälle, die bei Zusatz von Malz zur Milch auftraten, blieben nach Addierung des Weizenmehles zur Milch-Malzmischung nunmehr aus. An der Unmöglichheit, diese Tatsache befriedigend zu erklären, zeigte sich die Insuffizienz der Zuckertheorie am schlagendsten.

Ich erinnere endlich noch an die Seltenheit einer Glykosurie ex amylo im Gegensatz zu der ex saccharo.

Diese zahlreichen Unstimmigkeiten ermutigten nicht dazu, das Mehlproblem weiter in dieser Richtung auszubauen. Es schien im Gegenteil aussichtsreicher, die Wirkung der beim Mehlabbau auftretenden Gärungssäuren — die man bisher teils als Luxuskonsumption, teils als Reize für die Darmperistaltik betrachtet hatte — näher zu studieren. Nachdem Biernacki[18]) am Hund auf die Bedeutung der sauren Reaktion der Nahrung für bestimmte Teilgebiete des Stoffwechsels hingewiesen hatte, konnte ich[97]) am Säugling den Einfluß der oral gegebenen Milchsäure auf den organischen und anorganischen Stoffumsatz feststellen. Damit war dargetan, daß die Gärungssäuren Relationen zum Stoffwechsel haben mußten und daß das Mehlproblem verdiente, von diesem Gesichtspunkte aus erforscht zu werden.

II. Allgemeine Biochemie der Mehle.

Das Studium dieser Frage wurde dadurch unvorhergesehenerweise kompliziert, daß die ersten Untersuchungen über den Abbau der Mehle am Phlorizinhungerhund eine Differenz der verschiedenen Mehle untereinander ergaben. Es galt daher, erst in dieser Hinsicht Klarheit zu schaffen und dann wieder auf das Grundproblem zurückzukommen.

Beim phlorizindiabetischen Hunde vermag Weizen die Fettleber zu verhindern, kommt also im wesentlichen als Zuckerstufe zur Resorption (glykogener Weg). Hafer dagegen führt zur Leberverfettung, gelangt demnach als Kohlehydratsäure zu Resorption (aglykogener Weg).

Die Basis für diese Anschauungen liegt in den Versuchen Rosenfelds[161]) über die Oxydationswege des Zuckers. Oral gegebene Dextrose vermag die Phlorizinfettleber zu verhüten, die nächsten Abbauprodukte der Dextrose: Glykonsäure, Glykosamin, Zuckersäure dagegen nicht, sie führen also nicht zu Glykogenbildung in der Leber. Der per os gegebene Zucker geht daher nach Rosenfeld den hepatischen, glykogenen Weg. Die Kohlehydratsäuren den anhepatischen, aglykogenen Weg.

In diesen fundamentalen Unterschieden glaubte ich den Schlüssel zur Erklärung der verschiedenartigen Wirkung der Amylaceen, besonders der Haferkur bei Diabetes gefunden zu haben*). Weizenmehl, das als Zucker in den intermediären Stoffwechsel eintritt, muß die Glykosurie vermehren, Hafermehl dagegen setzt die Glykosurie herab und wird vom Diabetiker toleriert, weil dieser die ihm dargebotene aufgespaltene Dextrose zu verwerten vermag. Ich[98]) habe ferner die klinisch-empirisch am diabetischen Menschen festgestellte therapeutische Skala der Amylaceen: Weizen, Roggen, Gerste, Hafer, sowohl experimentell am Phlorizinhungerhund, als auch mittels aerober Vergärungsversuche sicherstellen können.

Einwände gegen die experimentellen Grundlagen dieser Theorie hat Mohr[135]) gemacht. Sie treffen aber den Kern des Problems nicht.

Nach Mohr ist die Leberverfettung bei der Rosenfeldschen Methode als Kombination von Degeneration und Infiltration nicht geeignet, zur Entscheidung des Problems. Außerdem fand Mohr bei Hafermehlverfütterung Glykogenlebern**).

Wenn man die Versuchstechnik Rosenfelds nicht strikt innehält, bekommt man naturgemäß Glykogenlebern. Sobald die Dosis des Versuchsmaterials ihr Optimum überschreitet***), muß Glykogenbildung eintreten. Es ist ja auch klar, daß bei der ununterbrochenen Endosmose im Darmlumen, besonders bei Verfütterung großer Hafermehlquanten, auch gewisse Mengen Mehl in den verschiedenen Anfangsstadien der Depolymerisation resorbiert werden müssen, als Maltose, Isomaltose, Dextrose, und so auf den hepatischen Weg gedrängt werden.

Im übrigen ist die Rosenfeldsche Methode eine quantitative; die Qualität des extrahierten Leberfettes ist eine Nebenfrage. Wenn also nach Weizenmehlfütterung 12 Proz. Fett, nach Hafermehl 43 Proz. extrahiert werden, so beweist das die Differenz beider Mehle deutlich genug.

Baumgarten und Grund[9]) haben mit Hafermehl keine Leberverfettung erreichen können. Gegen ihre Versuche habe ich einzuwenden, daß ich Analysen des Muskelfettgehaltes vermisse. Wenn der Versuchshund fettarm ist, kann keine Verfettung zustande kommen.

Ferner spielt die Kost, bei der die Versuchshunde vorher gehalten werden, eine ausschlaggebende Rolle. Werden die Tiere vorwiegend mit Fleisch gefüttert, dann verfügen sie über eine exquisit proteolytische Darmflora und vermögen das Hafermehl nicht energisch zu vergären. Auf alle diese und weitere versuchstechnische Punkte bin ich an anderer Stelle eingehend eingegangen[99]). Ich habe gleichfalls noch kürzlich 2 Versuche mit reiner Haferstärke angestellt und in beiden Fällen starke Verfettung erhalten. Dieser Befund spricht für die Anschauung Magnus-Levys[124]), der in der Haferstärke das wirksame Prinzip der Haferkur sieht. Meine Versuche über den differenten Abbau von Haferstärke und Weizenstärke bei künstlicher Pepsin-Salzsäureverdauung bestätigen ebenfalls die Auffassung Magnus-Levys. Im Gegensatz zu diesen Befunden leugnen Baumgarten und Grund auch die Spezifität der Haferstärke. Es spricht jedoch ein so großes Tatsachenmaterial für die biochemische Differenz der einzelnen Stärkemehle, daß die wenigen Versuche von Baumgarten und Grund meines Erachtens nicht vermögen, die Anschauungen Magnus-Levys zu erschüttern.

Beim weiteren Ausbau der Studien über Mehlabbau fand ich ferner, daß die Darmflora für den Ablauf des Mehlabbaus von ganz hervorragender Bedeutung ist. Es gelingt, durch systematische Ein-

*) Berliner klin. Wochenschr. 1910. Nr. 37.

**) Falta — Ergebn. d. inn. Med. u. Kinderheilk. 2 — konstatierte dagegen beim pankreasdiabetischen mit Hafer gefütterten Hunde eine Fettleber!

***) Rosenfeld, Verhandlungen d. Kongresses f. innere Medizin, Wiesbaden 1907.

wirkung auf die Darmflora mittels bestimmter Diätformen die Zusammensetzung der Darmmikroben so zu beeinflussen, daß der normale Mehlabbau direkt umgekehrt werden kann. Im Abschnitt V, spezieller Teil, habe ich dies genauer auseinandergesetzt und verweise auf die dortigen Ausführungen.

Ich konnte ferner feststellen, daß Weizenmehl schwerer enzymatisch abbaubar ist als Hafer. Der diastatische Abbau führt beim Weizen zu weniger starker Maltosebildung als beim Hafer. Weizenmehl ist auch bakteriell schwerer zersetzbar als Hafermehl. Stets liefert Hafer eine größere austitrierbare Acidität als Weizen.

Die schon am Phlorizinhund gefundene Skala der Amylaceen Weizen, Roggen, Gerste, Hafer ließ sich ferner sowohl durch das Studium der Jodreaktion beim diastatischen Abbau (Nagao[137]), als auch weiterhin beim kombinierten diastatischen und bakteriellen Abbau mittels Feststellung der Säurebildung bestätigen.

Über spontane Mehlsäuerung liegen, wie mir später bekannt wurde, nur die Versuche der Lehmannschen Schule und eine in Königs Handbuch referierte italienische Arbeit von Scala vor (König, Teil I, Seite 1488).

Die Untersuchungen Scalas beziehen sich leider nur auf Weizenmehl (und Maismehl). Scala überließ Weizenmehl bei Zimmertemperatur der spontanen Säuerung und bestimmte dann Säuregehalt und einzelne organische und anorganische Bestandteile in Intervallen.

I. Weizenmehl.

	Säuregehalt in Proz. (Titration mit N/10 KOH, als Milchsäure berechnet).			
	I	II	III	IV
Normal	0,3	0,36	0,46	0,27
Nach 2 Monaten	0,76	0,53	1,08	1,1
„ 5 „	alk.	alk.	alk.	alk.

II. Mehlhaltige Weizenkleie.

Normal	1,4
Nach 2 Monaten	alk.
„ 5 „	alk.

	III. Feine Weizenkleie.	IV. Grobe Kleie.
Normal	1,01	0,4
Nach 2 Monaten	2,22	alk.
„ 5 „	alk.	alk.

Im allgemeinen hört die Säurebildung (Milchsäure) bei 0,7 Proz. auf, sie geht weiter, wenn andersartige Gärungen Platz greifen, kommt aber über 2,22 Proz. nicht heraus.

Rappin und Fortineau züchteten den Bac. mesentericus vulgatus auf Nährböden, die gewöhnliche Getreidemehle oder Kartoffeln enthielten. Es fand sich dann in den mehlhaltigen Nährlösungen bedeutend mehr Zucker als bei den Kartoffeln.

Aus vergleichenden Untersuchungen Geisendörfers[60]) geht hervor, daß Roggenmehl zu stärkerer spontaner Säurebildung neigt als Weizenmehl, daß grobes Weizenmehl feines Weizenmehl, grobes Roggenmehl feines Roggenmehl in der Acidifikation übertrifft. Ferner bildet Mehl um so mehr Säure, je kleiehaltiger es ist.

Ich[98]) habe, von anderen Gesichtspunkten ausgehend als die vorstehend zitierten Autoren, das Säurebildungsvermögen der Getreidemehle bei artefizieller Infizierung mit Gärungserregern untersucht und festgestellt, daß die Säureproduktion ceteris paribus bei den Mehlen durch eine ganz bestimmte Gesetzmäßigkeit charakterisiert ist: am schwächsten säuert Weizen, stärker Roggen, noch mehr Säure liefert Gerste und an der Spitze steht Hafer.

Je 1,0 Dextrose äquivalente Teile Weizen, Roggen, Gerste, Haferstärke lieferten mit Bact. lact. aerogenes nach 12 bzw. 30 Stunden folgende Säuremengen:

Weizen	2,8	+ 6,3	Gerste	6,7	+ 14,4	
Roggen	5,8	+ 12,1	Hafer	7,5	+ 15,5	(Versuch 19).

Bei Infektion mit Milchsäurebacillen (Bac. bulgarus) nach 11 Stunden bzw. 36 Stunden:

Weizen	5,9	+ 10,0	Gerste	8,8	+ 22,2	
Roggen	6,5	+ 17,5	Hafer	9,0	+ 30,6	(Versuch 25).

Die Säurebildung wird ferner beim Hafer, wie ich nachweisen konnte, durch Mineralzusatz stärker vermehrt als beim Weizen, und zwar erweisen sich von den zahlreichen daraufhin untersuchten Salzen in erster Linie die Phosphate in der Kombination mit Kalium und Calcium und dann das Calciumlaktat als kräftige Aktivatoren beim Hafer; beim Weizen ist die Wirkung schwächer und unregelmäßig.

Von Schade[172]) wurde noch kürzlich die Vermutung ausgesprochen, daß möglicherweise Beziehungen des Kohlehydratstoffwechsels zum Fluor bestünden. Er machte auf die aktivierende Rolle des Fluors bei enzymatischen Prozessen aufmerksam und sprach die Vermutung aus, ob nicht auch dieses Halogen bei der Noordenschen Haferkur eine Rolle spiele, da die Samenkörner der Gramineen es in wechselnder Menge enthielten.

Ich konnte dagegen feststellen, daß dem Fluor, wenigstens soweit die aerobe Vergärung mit Saccharolyten in Frage kommt, nicht die supponierte Bedeutung beizumessen ist. (Monatsschr. f. Kinderheilk. 10. Nr. 6.)

Außerordentlich interessant ist die geradezu frappante Differenz beider Amylaceen bei der Vergärung mit Hefe.

Von vielen diesbezüglichen Versuchen, die allesamt zum gleichen Resultate führten, gebe ich den folgenden ausführlich wieder:

$$\left.\begin{array}{l}5{,}25 \text{ Weizenstärke}\\ 5{,}40 \text{ Haferstärke}\end{array}\right\} = 5{,}0 \text{ Dextrose.}$$

Zusatz von **25 ccm Pankreasextrakt und 100 ccm** Hefeaufschwemmung:

Beobachtungszeit in Minuten	Gebildete CO_2 in ccm: Weizen	Hafer
0— 50	0	20
50—100	0	+26
100—150	0	+24
150—200	0	+30
200—250	10	+24
250—300	+15	+22
300—350	+21	+19
350—400	+24	+23
400—450	+32	+14
450—500	+15	+11
500—600	+ 7	+ 9
600—700	+ 3	+12
Summe	127	234

Die Acidität der Weizen- und Haferprobe war gleichfalls different. Sie betrug

beim Weizen 67 ccm $^n/_{10}$ NaOH
„ Hafer 72 „ „ „

(Monatsschr. f. Kinderheilk. **10**. Nr. 6.)

Das Ergebnis derartiger Gärungsversuche mit Hefe war stets das gleiche: schnelle und hochgradige Kohlensäureentwicklung beim Hafer, langsamere und schwächere beim Weizen.

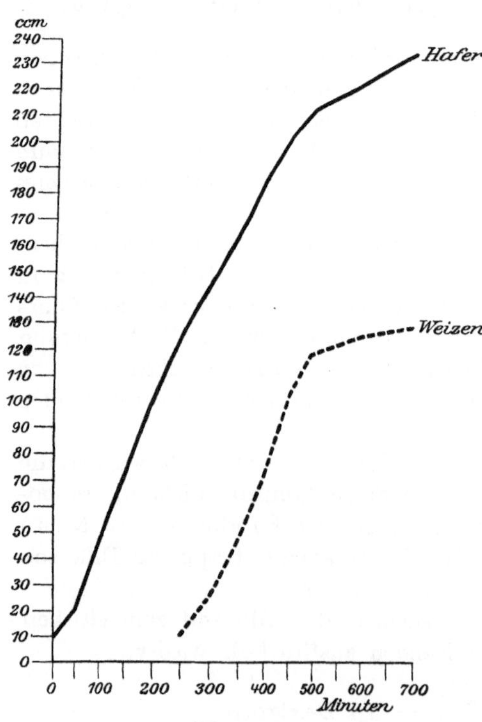

Kurve 1.

Graphisch dargestellt verlief die CO_2-Bildung in nebenstehender Kurve:

Dieser Kurvenverlauf ist absolut typisch. Die Schnelligkeit der CO_2-Entwicklung einerseits, die Maximalausbeute andererseits schwankt und muß schwanken, denn sie unterliegt unbestimmten Einwirkungen: erstens der Menge des diastatischen Fermentes und seiner jeweiligen diastatischen Kraft, ferner der Virulenz und Menge der Hefe und endlich der Intensität der vorherigen Verkleisterung der Stärke. Mögen aber diese Faktoren im einzelnen Fall auch noch so sehr differieren, die erhaltenen Resultate sind beim Weizen und Hafer so gesetzmäßig, daß der Unterschied stets auf den ersten

Blick kenntlich wird. Das gleiche gilt von der austitrierten Acidität. Sie schwankt innerhalb derselben Grenzen wie die gebildete Kohlensäuremenge. Es findet sich aber stets die größere Acidität beim Hafer.

Dieser Befund ist ein weiterer wichtiger Beweis für die weitgehende Differenz beider Stärkekohlehydrate in chemischer und physikalischer Beziehung.

Weizenmehl enthält mehr Gesamtkohlehydrat als Hafer und ebenfalls mehr vorgebildete Glykose. Trotzdem also die Entwicklungsbedingungen sowohl für saccharophile Mikroben als für Gärungshefe beim Weizen theoretisch viel günstiger liegen, lehrt das Experiment das Gegenteil.

Man will in der Lehre vom Diabetes die Differenzen in der Ausnützung der beiden Mehle, die ihren Ausdruck findet in der höheren Harnzuckerquote beim Weizenmehl, mit dem größeren Gehalt dieses Mehles an löslichem Kohlehydrat erklären[23]). Die obigen Versuche beweisen aber, daß nicht nur die chemischen Verhältnisse ausschlaggebend sind, sondern daß die physikalische Konfiguration, die schwere Aufschließbarkeit des Weizenstärkekohlehydrates die Hauptrolle spielt.

Merkwürdig ist weiterhin das Verhalten beider Mehle, wenn die Hefegärung durch Zusatz von Mineralsalzen beeinflußt wird. Hier sind die Resultate nicht die gleichen, wie bei der aeroben Vergärung mit Säurebildnern und Mineralzusatz, über die ich soeben berichtet habe.

Beim Weizen wird die Kohlensäurebildung schwach gesteigert durch Kaliumphosphat, stärker durch Calciumphosphat, am stärksten durch Calciumlaktat.

Beim Hafer vermehrt Kaliumphosphat die CO_2-Entwicklung nicht; Calciumphosphat und Calciumlaktat steigern sie dagegen kräftig.

Zu erklären ist diese merkwürdige Differenz wahrscheinlich durch die Bildung eines Zwischenkörpers beim Weizenabbau, des Hexosephosphates (Harden und Young[69]), das beim Hafer nicht auftritt, da hier der Abbau über die Zuckerstufe rapide verläuft.

Von weiteren Differenzen beider Mehle erwähne ich das entgegengesetzte Verhalten gegenüber Verdauungsversuchen mit peptischen und tryptischen Fermenten.*) Die Proteolyse verläuft beim Weizenmehl schneller als beim Hafermehl. Hier scheint also die bisher lückenlose Gesetzmäßigkeit des Systems unterbrochen. Aber nur scheinbar, denn läßt man die entsprechenden Stärken verdauen, dann zeigt sich das umgekehrte Verhalten, d. h. Haferstärke wird schneller proteolysiert als Weizenstärke, ein wichtiger Beweis für die Artspezifität des Stärkekohlehydrates.

Die Verkleisterungstemperatur der einzelnen Stärken differiert ebenfalls und ist naturgemäß von der physikalischen Struktur abhängig.

*) Klotz: Monatsschr. f. Kinderheilk. 1912. Nr. 10.

Deutliches Quellen zeigt sich bei

Weizenstärke	bei	50° (C.)
Roggenstärke	„	45°
Gerstenstärke	„	37,5°

Vollkommen verkleistert ist

Weizenstärke	bei	67,5°
Roggenstärke	„	55°
Gerstenstärke	„	62,5°

Nach Lintner[117]) gelingt die vollständige Verkleisterung der Stärkearten allerdings erst bei 75—80°.

Lintner stellte fest, wieviel von je 100 Teilen Stärketrockensubstanz bei verschiedenen Temperaturen durch Diastase aufgespalten war:

	Bei 50°	55°	60°	65°
Weizenstärke	0 Proz.	62,23 Proz.	91,1 Proz.	94,6 Proz.
Gerstenstärke	12,13 „	53,3 „	92,8 „	96,24 „
Kartoffelstärke	0 „	5,03 „	52,7 „	90,34 „
Reisstärke	6,6 „	9,7 „	19,7 „	31,14 „

Aus dieser Tabelle geht hervor, wie außerordentlich schwer Reis- und Kartoffelstärke diastatisch abbaubar sind. Eine erhebliche Diastasierung beginnt erst bei Temperaturgraden nahe der Verkleisterungstemperatur.

So mangelhaft bisher also dieses Teilgebiet der Mehlbiochemie auch wissenschaftlich angegangen sein mag, so ist doch auch hier die charakteristische Differenz der Stärkearten angedeutet.

Es ist nicht zu bezweifeln, daß die Reihe der Unterschiede zwischen Hafer- und Weizenmehl durch weitere Studien noch vervollständigt werden wird. Die physikalisch-chemische Seite dieser Frage ist überhaupt noch nicht wissenschaftlich studiert.

Es muß freilich zugegeben werden, daß bis jetzt die Erforschung der Differenzen zwischen den Mehlen für das zur Rede stehende Problem: die Mehlwirkung beim Säugling oder überhaupt beim menschlichen Organismus zu erklären, nichts Wesentliches beigesteuert hat.

Bislang hat die Kinderärzte nichts gezwungen, eine weitgehende Differenz im Ernährungseffekt einzelner Mehle anzunehmen. Demgemäß finden wir bei Czerny-Keller[30]) noch die Angabe, daß es gleichgültig sei, welches Mehl man zur Herstellung von Milch-Mehlsuppe verwende. Die Bevorzugung eines Mehles vor einem anderen sei nicht gerechtfertigt. Nur Jacobi[86]) hat vor vielen Jahren die Ansicht geäußert, daß Gersten- und Hafermehl differente Wirkungen zeigten: Gerstenmehl solle obstipieren, Hafermehl leicht abführen*).

Nach allem, was wir über die Mehle bisher wissen, hat man dieser Auffassung skeptisch gegenüberzustehen, denn beide Mehle sind hinsichtlich ihres Stärkekohlehydrates sehr nahe verwandt. Nur im Fett-

*) Nach Roux[165]), sollen Gerstenmehlsuppen dagegen abführend wirken.

gehalt weisen sie allerdings sehr weitgehende Unterschiede auf. Klinisch eingehend nachgeprüft ist die Frage wohl noch nicht.

Jacobis Stimme ist verhallt, ohne Echo zu finden. Es erscheint auch heute noch vollkommen gleichgültig ob man einen Säugling mit Weizen-, Gersten- oder Hafermehl ernährt. Wenn die Indikation zu einer Korrektur der Nahrung durch Mehlzusatz richtig war, dann tritt der Erfolg bei jedem beliebigen Mehle ein. Folglich sind die Mehle gleichwertig (Czerny-Keller).

Die Tatsache ist richtig, der daraus gezogene Schluß aber anfechtbar. Es muß bedacht werden, wie verschwindend klein die Quantitäten Mehl sind, die man in der Säuglingsernährung verwendet. 25 g pro Tag sind bei jungen Säuglingen schon viel; auch älteren werden mehr als 50 g pro Tag kaum je zugeführt werden. Diese geringen Quantitäten vermögen — noch dazu in Korrelation mit den anderen Bestandteilen der Nahrung — keine spezifischen Wirkungen zu äußern, wenigstens liegen sie nicht so klar zutage, daß wir sie grob klinisch wahrnehmen können. Erst wenn das Mehl den Hauptbestandteil der Nahrung ausmacht, wird die Reaktion auf das jeweilig verwendete Stärkekohlehydrat prägnanter in Erscheinung treten, und es werden schließlich bei genügend hoher Dosierung sich Effekte zeigen, wie sie vom Erwachsenen her gelegentlich der Haferkur wohlbekannt sind. Es wurden auch bereits für verschiedene Getreidemehle beim Erwachsenen durch Stoffwechseluntersuchungen Differenzen in der physiologischen Wirkung sichergestellt. Unsere eigenen Untersuchungen in dieser Frage sind noch nicht abgeschlossen und spruchreif. Einer genauen klinischen Beobachtung des Säuglings kann es jedenfalls nicht entgehen, daß trotz der geringen Mehlmengen, die man einem jungen Kinde zuführen darf, die Wirkung von Weizenmehl und Hafermehl, schon rein klinisch betrachtet, in bestimmten Fällen keine gleichartige ist.

Es fiel beispielsweise bei einem älteren Säuglinge mit typischer exsudativer Diathese auf, daß er auf eine Kost, die vorwiegend aus Weizenmehl bestand, mit sofortiger Exacerbation der exsudativen Erscheinungen reagierte, die ebensoschnell wieder zurückgingen, sobald Hafermehl an Stelle des Weizenmehles trat. Eine Erklärung dieses merkwürdigen gegensätzlichen Verhaltens könnte aus dem Befund Cobliners[32]) hergeleitet werden, daß Kinder mit exsudativer Diathese erhöhten Blutzuckergehalt haben. Weizenmehl kommt normalerweise im wesentlichen als Zucker zur Resorption, würde also den Blutzucker erhöhen, während Hafermehl den Kreislauf nicht mit Zucker belastet. Untersuchungen hierüber sind im Gange. Würden sie diese Vermutung exakt bestätigen, dann hätten wir für das Säuglingsalter die erste Indikation gewonnen, in bestimmten Fällen zwischen Hafer und Weizenmehl ernährungstherapeutisch strikt zu unterscheiden.

III. Chemische Zusammensetzung der Getreidemehle.

Was die Zusammensetzung der einzelnen Mehle anbelangt, so sei im folgenden kurz das Wichtigste hervorgehoben und auch dies nur insoweit, als es in Beziehung zum Thema dieser Abhandlung Interesse besitzt.

Ich habe bereits erwähnt, daß die Anordnung der Amylaceen in ein System sich derart vornehmen läßt, daß Weizen und Hafer die beiden Extreme bilden, zwischen denen Roggen und Gerste stehen. Die Berechtigung zu dieser Gruppierung ergibt sich aus den schon wiederholt zitierten Phlorizinversuchen, aus der therapeutischen Wirksamkeit bei Diabetes, aus den Diastasierungs- und Säurebildungsversuchen.

Aber auch die chemische Zusammensetzung der Getreidemehle lehrt ein gleiches.

Bei den **Körnern** beträgt der prozentische Gehalt an

	N	Stärke und	Rohfaser
bei Weizen	11,0	71,2	2,2
,, Roggen	10,2	69,5	2,1
,, Gerste	10,1	68,6	3,8
,, Hafer	10,9	59,1	12,0

Weiske[208]) fand für Körnerfrüchte folgende Werte:

Trockensubstanz bei Roggen	94,02 Proz.
,, ,, Gerste	93,06 ,,
,, ,, Hafer	95,40 ,,

Diese Trockensubstanz war folgendermaßen zusammengesetzt:

	N	Extraktstoffe (N frei)	Rohfaser
Roggen	12,81	81,13	2,28
Gerste	12,13	77,23	4,46
Hafer	11,19	66,99	12,3

Mehle.

	Wasser	Protein	Fett	Kohlehydr.	Cellulose	Asche
Weizenmehl (fein)	12,63	10,68	1,13	74,69	0,30	0,52
Roggenmehl	12,58	9,62	1,44	73,84	1,35	1,17
Gerstenmehl	14,06	12,29	2,44	68,47	0,9	1,85
Hafermehl	9,1	13,87	6,18	67,1	1,71	2,07

Die Zahlen beziehen sich auf das natürliche Präparat (nicht Trockensubstanz) und sind Mittelwerte nach König (Chemie usw., Teil I, 1903).

Aschengehalt.

	K_2O	Na_2O	CaO	MgO	F_2O_3	P_2O_5	Cl
Weizenmehl	34,4	0,8	7,5	7,7	0,6	49,4	0,1—0,3
Roggenmehl	38,4	1,75	1,02	8,0	2,5	48,3	—
Gerstenmehl	28,8	2,54	2,8	13,5	2,0	47,3	—
Hafermehl	23,7	4,3	7,4	7,8	0,85	48,2	5,3

(König).

20 g Mehl (ausgenommen Kartoffelmehl) entsprechen etwa 100 g Milch.

100 g Frauenmilch geben 72 Kalorien,
„ „ Kuhmilch „ 76 „
„ „ Mehl „ 312—342 „ (Roux[165]).

Stärkemehle (nach König l. c.)

	Wasser	Protein	Fett	Kohlehydrat	Asche
Weizenstärke	14,31	0,31	s. u.	85,25	0,13
Kartoffelstärke	15,44	1,5	0,07	82,14	0,3
Reisstärke	13,71	0,8	Spuren	85,18	0,3
Maisstärke	12,9	0,4	s. u.	86,43	0,2
Haferstärke	vacat				
Roggenstärke	vacat				
Gerstenstärke	vacat				

Nach einer anderen Serie von Analysen Saares (König, Nachtr. S. 1490) schwanken die Trockensubstanzprozente wie folgt:

	Stickstoff Min.—Max.	Asche Min.—Max.	Fett Min.—Max.
bei Weizenstärke (14 Analysen)	0,178—0,593	0,103—0,442	0,049—0,131
„ Maisstärke (Mondamin) (4 Analysen)	0,243—0,377	0,374—0,484	0,025—0,036

Sehr interessant sind auch die Säure- bzw. Alkalinitätsdifferenzen (ausgedrückt in ccm N/10 Säure oder Alkali auf 100,0 Substanz)

Weizenstärke: Neutral bis 3,4 Säure

Maisstärke:

a) englischer und amerikanischer Provenienz: 37,7—48,1 ccm Alkali
b) Deutsche Fabrikate: Neutral bis 5 ccm Säure.

Der Säuregehalt wird bei Weizen- und Kartoffelstärke auf Zersetzungsvorgänge zurückgeführt und von Soxhlet auf Milchsäurehydrat bezogen. Bei Mondamin ist Alkalinität bzw. Acidität Folge des eingreifenden Herstellungsverfahrens mittels Natronlauge oder schwefliger Säure, die dann schwer wieder durch Wässern entfernbar ist.

Haferstärke ist technisch außerordentlich schwer rein darzustellen. Schon v. Mering klagte darüber und auch v. Noorden äußerte sich ähnlich. Ich habe selbst versucht, Haferstärke anzufertigen, doch verhielt sich dieselbe zur Weizenstärke auf den N-Gehalt bezogen wie 1 : 15—20.

Durch die Liebenswürdigkeit von Professor Magnus-Levy gelangte ich dann in den Besitz von Haferstärke der Hohenloheschen Nährmittelwerke in Kassel, deren Haferstärke — im Laboratoriumswege hergestellt — ausgezeichnet ist. Wie die Differenzen zwischen 1 und 2 erhellen (Präparat 2 wurde mir mehrere Monate später zugesandt), scheint die Qualität noch steigerungsfähig zu sein.

	Wasser	N	Fett	Kohlehydrate	Asche
Haferstärke I	10,7 Proz.	0,795 Proz.	0,74 Proz.	87,01	0,29 Proz.
„ II	10,5 „	0,514 „	0,66 „	87,98	0,22 „

Der Chlorgehalt ist am geringsten beim Weizenmehl.

Auf die enormen Schwankungen desselben im Weizenmehl und den daraus hergestellten Gebäcken hat Zweifel[213]) in seinen nach Hunderten zählenden Analysen aufmerksam gemacht. Der Chlornatriumgehalt (berechnet in Milligramm auf 100 g Trockensubstanz) schwankte von 2745 bis zu 4221. —

Ich halte es im übrigen für zwecklos, das unübersehbar große Analysenmaterial über die Getreidemehle hier sichten zu wollen. Je nach der Beschaffenheit des Klimas, des Bodens und der Düngung variieren die einzelnen organischen und anorganischen Bestandteile so sehr, daß Maximum und Minimum sich geradzu extrem verhalten können. So kann der Hafersticksoff 6,2 Proz., aber auch 19,2 Proz. betragen, die Asche 1,6 Proz. bis 6,11 Proz.

Die Verhältnisse sind heute noch genau so unverändert wie vor 30 Jahren, da Fowler[56]) schrieb: „No two samples of different specimens will give the same result."

Fowler stellte folgende Maxima-Minima zusammen:

	Stickstoffhaltige Substanzen
Weizen	7 —14,4
Roggen	8,8 —15,8
Gerste	7,8 —17,5
Hafer	10,69—15,59

Die wesentlichsten Charaktere der Hauptgetreidearten sind durch die oben abgedruckten Analysen festgelegt.

Zudem hat die Forschung ergeben, daß die Chemie der einzelnen Amylaceen im großen und ganzen wenig Bedeutung für ihre Verwertung vom tierischen Organismus hat. Der springende Punkt liegt in der physikalischen Struktur des Stärkekohlehydrats.

Sherman und Suclair[185]) rechneten in origineller Weise die Menge des in Weizen und Hafer gefundenen Chlors, Schwefels und Phosphors in Kubikzentimeter Normalsäure um und stellten dieselben der Menge an basischen Bestandteilen gegenüber. Danach betrug der Überschuß an Normalsäure

bei Hafer 12,93 bei Weizen 9,66

Hafer ist demgemäß eine stärker saure Nahrung als Weizen. Es ist ja übrigens den Hausfrauen wohlbekannt, wie leicht Hafermehlsuppe und Hafergrütze säuern.

Adrian[1]) rechnete die Alkalinität von Weizen und Hafer auf Normalschwefelsäure um und fand

bei Weizen 11,44 bei Hafer 21,00

Es interessiert ferner die Angabe Adrians, daß in 100 Teilen Asche beim Weizen kein, dagegen beim Hafer 0,104 Mangan enthalten sind.

Jacobi[87]) machte noch kürzlich auf den hohen Eisengehalt der Cerealien aufmerksam. Der Gehalt an Eisenoxydul soll den der Frauen- und Kuhmilch um ein Vielfaches übertreffen.

Aus dem Analysenmaterial ergibt sich also, daß die Differenzen der einzelnen Mehle bezüglich des Proteingehaltes im ganzen belanglos sind, daß dagegen Kohlehydrat, Rohfaser und Asche in bestimmter Richtung differieren. Rohfaser, Asche und bekanntermaßen auch das Fett nehmen sukzessive zu in der Richtung Weizen ⟶ Hafer. Dagegen wächst der Stärkegehalt stufenweise in der umgekehrten Richtung Hafer ⟶ Weizen.

Über die

Fette

der einzelnen Getreidemehle liegt nur spärliches analytisches Material (Benedikt-Ulzer[11]), Hefter[73]), König[103]) vor; Daten über die Beziehungen zum Stoffwechsel fehlen, soweit ich die Literatur überblicken kann, fast ganz*).

Am meisten untersucht ist noch das Weizenfett. Es ist von weißlich-gelber Farbe und wird leicht ranzig. Industriell wird es wenig verwendet, da es nur extrahierbar, nicht aber abpreßbar ist. Es enthält 5,6 Proz. auf Ölsäure berechnete freie Fettsäuren und 1,5—2 Proz. Lecithin.

Das Roggenfett ist dunkelgelb bis braun. Das Gerstenfett hellgelb bis braungelb. Es soll die größten Mengen Cholesterin und Lecithin enthalten:

Cholesterin	4,7—6,1 Proz.
Lecithin	3,0—4,2 ,,

Das Haferfett: dunkelgelb bis braun, ist am reichsten an freien Fettsäuren: 27—35 Proz. Der Lecithingehalt beträgt 0,8—2,9 Proz.

	Spez. Gewicht	Verseifungszahl	Jodzahl
Weizenöl	0,9068—0,9374	166,5—182,8	101,5—115,2
Roggenöl	0,9334	196	81,88
Gerstenöl	0,9145—0,9474	280	90
Haferöl	—	—	—

Fettsäuren.

	Erstarrungspunkt	Schmelzpunkt	Jodzahl
Weizen	29,7	39,5	123,3
Roggen	34	36	113
Gerste	vacat	—	63,5
Hafer	vacat	—	—

*) Der Vegetarier Rumpfs und Schumms[170]), der sich im N-Gleichgewicht befand und 29 g Pflanzenfett pro Tag aufnahm, schied 7,56 wieder aus, also ein auffallend großer Verlust.

Aus diesen Zahlen, hinter denen zudem noch manch Fragezeichen steht, erhellt, wie wenig bearbeitet dieses Feld noch ist. Andererseits scheint doch aber auch daraus hervorzugehen, daß die von mir aufgestellte Skala der Mehle auch in bezug auf die Konstitution der Fette Gültigkeit zu haben scheint. Den besten Beweis dafür liefert eine Elementaranalyse der vier Getreidemehlfette — die einzige darüber vorliegende — von König[103]).

	Kohlenstoff	Wasserstoff	Sauerstoff in Proz.
Weizenfett	77,19	11,97	10,84
Roggenfett	76,71	11,79	11,50
Gerstenfett	76,27	11,78	11,95
Haferfett	75,67	11,77	12,56

Diese Zahlenreihe ist im wahren Sinne des Wortes von „elementarer" Beweiskraft.

VI. Schicksal der Mehle im Magendarmkanal.

A. Allgemeines Verhalten.

Eine Magenverdauung von Brot und Stärke findet nicht statt; es wird durch Magensaft allein Stärke nicht gespalten. (London und Polowzowa[121]). Frühere anderslautende Ergebnisse derselben Autoren bei Brotfütterung (Zeitschr. f. phys. Chem. 49) sind so zu erklären, daß infolge der damals noch nicht so gut ausgearbeiteten Methodik „bei Brotfütterung fortwährend Duodenalsäfte samt den zuckerhaltigen Verdauungsprodukten durch rückläufige Peristaltik in den Magen vom Duodenum verschleudert wurden, wovon wir uns sehr oft überzeugen konnten". Dadurch wird dann natürlich eine Kohlehydratverdauung des Magens vorgetäuscht. Auch die Kohlehydratspaltung im Darmlumen selbst war infolge der damaligen mangelhaften Methodik durch Zutritt von Galle, Pankreassaft usw. unübersichtlich gemacht, denn auch diese Sekrete mit ihren wirksamen Enzymen mengten sich so mit dem regurgitierenden Dünndarmsaft.

Auf diese Weise findet der irrtümliche Zuckerwert von 4,57 Proz. bei brotgefütterten Pylorushunden seine Erklärung.

Amylolytische Fermente der Magenschleimhaut existieren nicht.

Brutschrankversuche.

		Verdaut:
1,0 Stärke	40 ccm 0,4 Proz. HCl $2^1/_2$ Std. bei 37°	0 Proz.
1,0 Amylodextrin		0 „
1,0 Erythrodextrin		3,2 „

Es wird nur Erythrodextrin vom Hundemagen in Höhe von 2 Proz. — und von 3,2 Proz. in vitro — gespalten, nicht dagegen Brot, Stärke und Amylodextrin.

Auch Milchsäure konnte niemals im Magen gefunden werden.

In Duodenum ist dagegen die Hydrolyse sofort voll im Gange. Es werden gespalten von

trockener Stärke	16,7 Proz.
Stärkekleister	55,7 „
Amylodextrin	68,5 „
Erythrodextrin	51 „

Die Spaltung beträgt vergleichsweise bei Rohrzucker 34 Proz.

Die Resorption ist dagegen auch im Duodenum noch wenig nennenswert:

Trockene Stärke	8,6 Proz.
Stärkekleister	9,2 „
Amylodextrin	7,1 „
Erythrodextrin	6,6 „
(Rohrzucker	31,3 „)

Im Jejunum und oberen Ileum findet nunmehr energische Resorption statt:

Trockene Stärke	13,6 Proz.
Stärkekleister	34,7 „
Amylodextrin	74,3 „
Erythrodextrin	50,3 „
(Rohrzucker	60,8 „)

Im unteren Ileum ist die Resorption der depolymerisierten Stärke als abgeschlossen zu betrachten:

	Verdaut	Resorbiert
Trockene Stärke	78 Proz.	— Proz.
Stärkekleister	94,2 „	93,3 „
Amylodextrin	98,1 „	95,4 „
Erythrodextrin	82,7 „	76,8 „
(Rohrzucker	100 „	99,5 „)

Es gelangt also von den Spaltstücken der Stärke nichts mehr in den Dickdarm. Nur die trockene, noch nicht hydrolysierte Stärke entgeht zum Teil und zwar in Höhe von 22 Proz., den spaltenden Dünndarmsekreten und tritt unverändert in den Dickdarm (Zeitschr. f. physiol. Chem. 56).

Alle Kohlehydrate mit Ausnahme unveränderter — also trockener — Getreidestärke können durch reinen Darmsaft bis herab zur Dextrose aufgespalten werden:

Erythrodextrin	66,6 Proz.
Amylodextrin	45,0 „
Stärkekleister	65,1 „

Für die Verdauung der Stärke ist also die Mitwirkung der Duodenalsekrete von höchster Bedeutung, während der Darmsaft zur Verarbeitung der depolymerisierten Stärke ausreichend ist.

Zucker sowohl wie Dextrinlösung rufen am Fistelhund keine Gallen- wohl aber sehr starke Pankreassaftsekretion hervor.

200,0 Weißbrot bewirkten 117 ccm Gallen- und 129 ccm Pankreassaftabsonderung. Immerhin ist das Verdauungsvermögen des Dünndarmsaftes (Galle + Pankreassaft + Darmsaft) gegenüber Stärke bei weitem weniger intensiv als gegenüber Eiweiß. Es betrug ceteris paribus die Gesamtmenge verdauten Hühnereiweißes im Mittel nach 12 Stunden 76 Proz., von Kartoffelstärke nur 13 Proz. (Zeitschr. f. phys. Chem. 53).

Mehl (Stärke) hat nach den Untersuchungen Londons die kürzeste Magenverweildauer, Fett die längste. Fleisch steht zwischen beiden.

Wird nun Fleisch und Stärke zugleich verfüttert, so wird der Übertritt der Stärke in den Darm dadurch verlängert. Nichtsdestoweniger bleibt jedoch der Typus der Magenverdauung jeder einzelnen Komponente im großen und ganzen erhalten. Im unteren Teil des Darmkanals ist jedoch die Konkurrenz der beiden Nährstoffe offensichtlich. Und zwar wirkt Fleisch hier als „Reiz".

Bei der alleinigen Verabreichung von Stärke beginnt die Exkretion der Stärkeabbauprodukte erst in der siebenten bis achten Stunde nach der Fütterung und dauert bis zur zehnten Stunde. Bei der kombinierten Stärkemehl-Fleischverabfolgung setzt die Exkretion der Kohlehydratspaltstücke gleichzeitig mit derjenigen der Eiweißabbauprodukte ein und zwar bereits in den ersten Stunden der Verdauungsperiode.

Die relative Selbständigkeit der einzelnen Nahrungskomponenten bleibt ferner auch bei Vereinigung von Fett und Mehl gewahrt. Nicht jedoch die absolute.

Stärkemehl (allein für sich) ist nach 3 Stunden nur noch zu etwa 1 Proz. im Magen vorhanden. Wird dagegen Fett zugelegt, so ist dieselbe Menge Stärkemehl (1 Proz.) erst in 7 Stunden verarbeitet.

Es verzögert also Fett den Stärkeaufenthalt im Magen, während das Stärkemehl den Austritt der Fette aus dem Magen in den ersten Verdauungsstunden beschleunigt.

Auch im Darm befördert Stärkemehl die Fettresorption, während die eigene Resorption dadurch insofern leidet, daß sie in den oberen Darmabschnitten etwas zurückbleibt. Werden Fleisch, Fett und Mehl kombiniert, dann verzögert sich der Stärkeaustritt aus dem Magen bei Fleisch und Fett mehr als bei Fleisch allein.

Die Wechselwirkung der drei Nährstoffe wird durch die folgende Tabelle gut veranschaulicht:

Darmabschnitt	Stärkemehl		
	+ Fett	+ Fett + Fleisch	+ Fleisch
	Verdauungsgrad in Proz.		
Obere Zweidrittel	28	54	67
Unteres Drittel	71	44	—
	Resorptionsgrad in Proz.		
Obere Zweidrittel	17	44	60
Unteres Drittel	80	51	36

Stärkemehl wird also im oberen Dünndarm am wenigsten verdaut, wenn es mit Fett kombiniert wird (28 Proz.). Wird zum Fett noch Fleisch addiert, so steigt die Verdauungsgröße (54 Proz.). Sie ist am größten (67 Proz.) bei Vereinigung von Stärkemehl und Fleisch.

Die Resorptionszahlen gehen den Werten für den Verdauungsgrad annähernd parallel (Zeitschr. f. phys. Chem. 60).

Über die Quantität des sezernierten Magensaftes gibt folgende Tabelle von Chishin[31])-Pawlow Aufschluß:

Stunden	Magensaftmenge in ccm		Verdauungskraft in mm (Mettsche Röhrchen)	
	Fleisch	Brot	Fleisch	Brot
1	11,2	10,6	4,94	6,7
2	11,3	5,4	3,03	7,97
3	7,6	4,0	3,01	7,51
4	5,1	3,4	2,87	6,19
5	2,8	3,3	3,20	5,29
8	0,6	2,2	3,87	5,50
10	—	0,4	—	—

Die größte Saftmenge also bei Fleischkost, die konzentrierteste, verdauungskräftigste dagegen bei Brotkost, Fleisch und Brot in gleichen Gewichtsteilen verabreicht.

Anders gestalten sich die Saftmengen, wenn der Stickstoffgehalt zur Grundlage der Dosierung genommen wird.

Auf N-äquivalente Teile Brot und Fleisch ergießen sich größere Saftmengen bei Brot als bei Fleisch.

$\frac{\text{Brot}}{\text{Fleisch}} = \frac{42}{27}$ ccm, die Verdauungskraft verhält sich wie $\frac{6,2}{4,0}$ mm.

Was die Acidität anbelangt, so ist dieselbe am größten beim Fleisch-Magensaft, am schwächsten beim Brot-Magensaft. Dies ist plausibel. Beim Brot würde eine größere Acidität die Amylolyse schädigen.

Die excitosekretorische Wirkung der Amylaceen ist nach Pawlow gering. Besonders Brot reizt die Pepsindrüsen fast gar nicht, bei direkter Einbringung in den Magen. Erst wenn es mit Wasser vermengt ist, löst es geringe Reize aus. Eine in den Dünndarm einverleibte 25 proz. Glykoselösung hemmt die Magensaftsekretion. Vielleicht steht hiermit die auffallende Herabminderung der Magensaftmenge in der zweiten Stunde (siehe Tabelle) in Verbindung.

Außerordentlich interessant ist die Bedeutung intakter Innervation für die Sekretion des Magensaftes.

Auf 100,0 Fleisch wurden entleert 17,6 ccm Magensaft vor und 6,6 nach Durchschneidung der Nervi vagi.

Auf 100,0 Brot 10,2 bzw. 3,1.

Pankreassaft wird auf Brot in doppelter Menge ergossen als auf Fleisch.

Einige Autoren haben beobachtet, daß die diastasierende Kraft des Speichels durch überwiegende Kohlehydratkost gesteigert, durch Fleischnahrung (mit Eiern) dagegen herabgesetzt wurde. (Neilson und Lewis.) Chittenden und Carlson kamen dagegen nicht zu dem gleichen Resultat. Vegetarische Ernährung hatte keine Verstärkung des Saccharifizierungsvermögens im Speichel zur Folge. Und Roger fand, daß auch Hühnereiweiß das diastasierende Vermögen des Ptyalins steigerte. Derselbe Autor hält ferner die Gegenwart von Kal. phosphat. für den Ablauf einer kräftigen Diastasierung für erforderlich.

Ascoli und Bonfanti untersuchten das Diastasierungsvermögen des Blutserums bei Reis- und Kartoffelkuren und fanden es erhöht; eine Beobachtung, die von Preti bestritten wird.

Diese gesamten Untersuchungen beziehen sich jedoch fast ausschließlich auf **Fistelhunde** und sind, unter dem Gesichtswinkel der theoretischen Physiologie betrachtet, von hervorragendem Interesse und höchster Bedeutung. In praxi geht die Verdauung natürlich einen anderen Weg. Der Mensch unterscheidet sich hinsichtlich der Amylaceenverdauung noch insofern vom Hunde, als der letztere nach Ellenberger[43]) über einen weit weniger aktiven diastasierenden Fermentapparat verfügt.

Die Intensität der amylolytischen Mehlverdauung im Magen ist sehr hochgradig. Hensay[29]) fand bei Verabreichung von Reisbrei im ausgeheberten Mageninhalt 59—79 Proz. des Gesamtkohlehydratgehaltes bereits in gelöster Form vor.

B. Differentes Verhalten einzelner Mehle. Eigenfermente der Cerealien.

Das Verhalten der einzelnen Mehle zu den diastatischen Fermenten des Organismus ist verschieden.

Über die Wirkung des Speichels liegen folgende Untersuchungen vor.

Hammarsten[68]) erhielt aus Haferstärke bei Speicheleinwirkung Zucker nach 5 bis 7 Minuten, aus Weizenstärke erst nach einer halben bis einer Stunde, aus Kartoffelstärke in 2—4 Stunden. Lang[109]) und Klotz[98]) fanden bei Pankreas- sowie Speicheleinwirkung auf Hafer- und Weizenstärke größere Maltosemengen beim Hafer. Der Hafer ist also leichter diastatisch abbaubar als der Weizen.

I.

2,0 Haferstärke,	$6^1/_2$ Std. digeriert,	bildeten	0,843 Maltose,	0,11	Dextrose,
2,0 Weizenstärke,	$6^1/_2$ „ „	„	0,66 „	0,168	„

II.

2,0 Haferstärke,	63 Std. digeriert,	bildeten	1,189 Maltose,	0,47	Dextrose,
2,0 Weizenstärke,	63 „ „	„	1,124 „	0,55	„

(Lang).

Setzt man die gebildete Maltosemenge = 100, dann ist das Verhältnis Maltose zu Dextrose

bei I 100 : 13 für Hafer
100 : 26 für Weizen.

Lang glaubte nun jedoch, daß der durch Jodfärbung sichtbar zu machende Abbau beider Mehle in den ersten Stadien der Depolymerisation anders verliefe, daß also beim Hafer die Dextrinstufen langsamer erreicht würden als beim Weizen. Diese Ansicht ist a priori unwahrscheinlich und konnte durch Nagao[137]) auf Grund zahlreicher, mit exaktester Methodik angestellter Versuche widerlegt werden.

Nagao prüfte auch Roggen- und Gerstenstärke bezüglich des diastatischen Abbaus und fand Gersten- und Haferstärke mit gleicher Energie abgebaut, während Weizen- und Roggenstärke bedeutend langsamer diastasiert wurden als Hafer und Gerste.

Der diastatische Abbau der Stärkekohlehydrate ist ferner durch langdauerndes vorheriges Kochen einschneidend zu beeinflussen und vollzieht sich alsdann wesentlich rapider. Versuche hierüber finden sich bei Nagao und Klotz.

Dadurch, daß beispielsweise die Weizenstärkelösung intensiv gekocht wird, läßt sich der durch Jodfärbung nachweisbare differente diastatische Abbau gegenüber der Haferstärke direkt umkehren.

Die Tatsache, daß durch mehr oder minder starke Verkleisterung der Getreidestärken die Reaktion auf enzymatische und bakterielle Einwirkungen leichter erfolgt und stärkere Grade erreicht, gilt auch für die Kohlensäureentwicklung. Bei den Weizen- und Haferproben, die nur in kaltem Wasser aufgeschwemmt werden, verläuft die CO_2-Bildung qualitativ und quantitativ anders als bei mit heißem Wasser verkleisterten Proben. Es dauert außerordentlich lange, bis die ersten CO_2-Bläschen aufsteigen, und das Gesamtvolumen erreicht niemals auch nur im entferntesten die Höhe der verkleisterten Probe. Ganz besonders kraß wird der Unterschied dann, wenn man auch noch vom Zusatz diastatischen Fermentes absieht.

Beobachtungszeit in Minuten	CO_2-Volum in ccm: Weizen (verkleistert)	Weizen (nicht verkleistert)
0— 50	0	0
50—100	0	0
100—150	0	0
150—200	3	0
200—250	+ 12	0
250—300	+ 17	0
300—350	+ 16	2
350—400	+ 10	+ 6
400—450	+ 11	+ 2
450—500	+ 4	+ 1,5
Acidität	$= 97$ ccm $\frac{n}{20}$ Lauge	$= 39$ ccm $\frac{n}{20}$ Lauge.

Die gleiche Versuchsanordnung bei Haferstärke.

Beobachtungszeit in Minuten	CO_2-Volum in ccm: Verkleisterte Probe	Unverkleisterte Probe
0— 50	11	0
50—100	+ 21	0
100—150	+ 26	1
150—200	+ 22	+ 9
200—250	+ 15	+ 12
250—300	+ 16	+ 7
300—350	+ 9	+ 4
350—400	+ 5	+ 2
400—450	+ 5	+ 0
450—500	+ 3	+ 0
Acidität	$= 119 \frac{n}{10}$ Lauge	$= 73{,}5 \frac{n}{10}$ Lauge.

Die außerordentliche Bedeutung der Vorbehandlung läßt sich auch bei der Kartoffelstärke besonders gut demonstrieren. Die Differenz der Resultate bei Vergärung mit Hefe ist außerordentlich groß je nachdem die Kartoffelstärke vorher verkleistert war oder nicht. In den unverkleisterten Proben ist die CO_2-Entwicklung minimal, in den verkleisterten kräftig. Durch Zusatz von Kalium- oder Calciumphosphat steigt die Kohlensäureausbeute noch mehr.

Die Gesamtmenge gebildeter CO_2 betrug nach 10stündiger Vergärung mit Hefe:

	Erster Versuch:	Zweiter Versuch:
Bei der unverkleisterten Probe:	4 ccm	13 ccm
„ „ verkleisterten „	107 ccm	187,2 ccm
„ „ „ Probe plus Zusatz von Ca. phosph.:	149,5 ccm	223 ccm

Genau das Gleiche ergibt sich bei aerober Vergärung mit Säurebildnern:

Acidität in N/10 Lauge	nach 12 Stunden	nach 24 Stunden
Unverkleisterte Probe:	1,5 ccm	+ 0,75
Verkleisterte „	2,5 ccm	+ 3,5
„ „ plus Ca. phosph.	8,5 ccm	+ 7,0

Den Beweis, daß diese Laboratoriumsergebnisse auch auf den lebenden Organismus übertragen werden können, liefern Versuche am Phlorizinhund.

Wird ein Hund mit gemischter Kost ernährt und ihm im Phlorizinversuch Kartoffelstärke, kalt angerührt, ohne weiteren Zusatz gereicht, so extrahiert man 20—21 Proz. Leberfett.

Wird die Kartoffelstärke jedoch vorher gekocht und mit Zusatz von Kal. und Calciumphosphat an einen Phlorizinhund mit kräftiger saccharophiler Darmflora verfüttert, dann werden im Durchschnitt 36 Proz. Fett extrahiert. Es wird also durch die physikalische Aufschließung, durch Addition katalytischer Substanzen und endlich durch Anwesenheit einer geeigneten Darmflora der Abbau der Kartoffelstärke weit nach der Richtung des anhepatischen Weges verschoben.

Auf diese Weise erklärt es sich, warum eine Reihe Autoren mit der Mosséschen Kartoffelkur bei Diabetes gute Erfahrungen gemacht hat, andere dagegen nicht.

Normalerweise wird die schwer vergärbare Kartoffelstärke hepatisch abgebaut. Wird sie jedoch genügend aufgeschlossen verabreicht, vereint mit katalytisch wirkenden Salzen, und trifft sie im Darm eine kräftige saccharolytische Flora an, dann sind Vorbedingungen für eine energische Vergärung und anhepatische Verwertung vorhanden.

Die einzelnen Mehle enthalten amylolytische Fermente in quantitativ noch nicht festgestellter Menge. Sie sollen durch Kochen nicht zerstört, sondern nur inaktiviert werden. Bei Kontakt mit wirksamem amylolytischen Ferment im Magen-Darmkanal werden sie reaktiviert[19]).

Bei Erwachsenen konnte festgestellt werden, daß das amylolytische Harnferment bei Kohlehydratfütterung zunimmt.

Auf die hohe Bedeutung der katalytischen Salzwirkungen für den Mehlabbau komme ich später ausführlich zu sprechen. Hier will ich nur erwähnen, daß Gigon und Rosenberg[61]) die Beschleunigung des Stärkeabbaus durch Pankreasdiastase bei Zusatz von Mineralsalzen (Mangan, Eisen) nicht als katalytisch auffassen, sondern als eine excitosekretorische Wirkung, als eine zymodynamogene.

Auch den **proteolytischen Fermenten** gegenüber bewahren die einzelnen Mehle ihre Sonderstellung. So werden Hafer- und Weizenmehl durch peptisches und tryptisches Ferment different abgebaut. Und zwar verläuft die Proteolyse beider Mehle umgekehrt wie die Amylolyse, d. h. der Eiweißabbau des Hafermehles vollzieht sich langsamer als der des Weizenmehls.

So sind von je 10 g Weizen- und Hafermehl peptonisiert
in 9 Stunden 85 Proz. bzw. 53 Proz.
77 „ „ 59 „
Von je 5 g 86 „ „ 70 „
Von je 5 g Weizen- und Hafermehl
in 12 Stunden 95 Proz. bzw. 69 Proz.

Dieser Befund kommt überraschend, ist aber nicht ohne Analoga in der Pflanzenphysiologie. Scheunert[73]) hat ganz Ähnliches bei Parallelversuchen mit Mais- und Haferfütterung am Pferd gesehen. Die Magenverdauung beim Pferd verläuft — was das Protein anbelangt — beim Mais wesentlich schneller als beim Hafer. Und genau das Umgekehrte gilt für die Amylolyse der beiden Amylaceen, d. h. das Maiskohlehydrat wird langsamer depolymerisiert als das Haferkohlehydrat.

Verwendet man jedoch nicht die Mehle, sondern die entsprechenden Stärken, dann zeigt sich, daß das bisher so vielfach bestätigte Grundgesetz: Hafer ist leichter abbaubar als Weizen, auch hinsichtlich der Proteolyse keine Einschränkung bedarf. Haferstärke ist proteolytisch leichter abbaubar als Weizenstärke.

Von je 6 g Weizen- und Haferstärke sind peptisch verdaut
nach 24 Stunden 66 Proz. bzw. 77 Proz.
50 „ „ 76 „
nach 12 Stunden 36 „ „ 69 „

Es geht hieraus hervor, daß die Spezifität der einzelnen Amylaceen an ihre Stärke geknüpft ist.

Das Material, das bisher über den Abbau der Kohlehydrate im Magen und Darm gesammelt wurde und in den letzten Jahren besonders mit modernster Methodik von London und seinen Mitarbeitern zu einem vorläufigen Abschluß gebracht schien, muß also revidiert werden, unter dem Gesichtswinkel der Differenz der Getreidestärkekohlehydrate. London verwendete nur Weißbrot und Kartoffelstärke. Es fehlt mithin eine Prüfung der anderen Hauptgetreidestärken.

Wie different der zeitliche und chemische Abbau von Mais und Hafer verläuft, zeigen die soeben erwähnten Versuche von Scheunert und Grimmer[73]).

(Mais hat große Berührungspunkte mit Weizen, ist aber fettreicher. Von Hafer unterscheidet er sich durch ein Plus von 10 Proz. an Kohlehydraten, ein Minus von 1—$1^1/_2$ Proz. Stickstoff und 8 Proz. Cellulose.)

Magenverdauung.

Die Verdauung der Trockensubstanz ist anfänglich bei beiden Amylaceen gleich, steigt dann aber schnell beim Hafer. Nach 5 Stunden finden wir beim Hafer bereits 42,3 Proz. verdaut, nach 8 Stunden dagegen beim Mais noch nicht 39 Proz.

Die Kohlehydratspaltung zeigt im großen und ganzen ein ähnliches Bild.

Stunden	Verdauung der Trockensubstanz		Verdauung der Kohlehydrate		Verdauung des Eiweißes	
	Hafer	Mais	Hafer	Mais	Hafer	Mais
1 —$1^1/_2$	9,1	12,15	10,74	10,1	31,25	19,05
$1^1/_2$—2	16,0	16,3	21,5	17,2	26,1	23,1
3 —$3^1/_2$	26,1	17,2	39,2	26,8	32,9	19,2
5 —$5^1/_2$	42,3	—	—	—	—	—
6 —$6^1/_2$	—	30,0	56,5	32,7	52,2	—
8 —$8^1/_2$	—	39,0	56,1	37,1	—	61,5

Was die Eiweißspaltung anbelangt, so ist das Tempo anfänglich beim Hafer schneller, dann aber nimmt die Spaltung beim Mais schnell zu. In den späteren Stunden kann die Verdauung der stickstoffhaltigen Bestandteile des Mais diejenige des Hafers sogar übertreffen.

Die Resorption geht im allgemeinen der Spaltung parallel.

Was die Dünndarmresorption angeht, so behält der schon während der Magenverdauung zutage getretene differente Abbaumodus zwischen Mais und Hafer auch weiterhin seine Besonderheiten bei.

Nach 4 Stunden sind vom Mais 70—80 Proz. aufgesaugt, beim Hafer dagegen schon nach 2 Stunden, während nach 4 Stunden ca. 90 Proz. resorbiert sind.

Bezüglich der Gesamtverdauungsleistung ist die Ausgiebigkeit der Verdauung beim Mais geringer als beim Hafer. Es zeigt sich, daß die relativ ausgiebigere Proteolyse durch die langsamere Kohlehydrat- und Trockensubstanzverdauung paralysiert wird, so daß die Gesamtbilanz eine ungünstigere ist als beim Hafer.

Im Verlauf von 2 Stunden sind vom Mais 30 Proz., vom Hafer dagegen ca. 50 Proz. als verdaut zu betrachten. Diese 50 Proz. erreicht der Mais dagegen erst in 8—9 Stunden.

Außerordentlich interessant ist die verschiedene Reaktion des Chymus.

Beim Mais ist die Reaktion des Dünndarminhaltes in der ersten Stunden alkalisch, in der zweiten Stunde beginnt neutrale Reaktion, schließlich nach 4 Stunden saure, die sich nach 6 Stunden über den ganzen Dünndarm erstreckt.

Beim Hafer ist dieser Befund „fast nie" zu erheben, hier reagiert der Dünndarm in seinen distalen Teilen alkalisch.

Es reagiert ferner bei Haferfütterung Blinddarm- und Koloninhalt stets alkalisch. Bei Maisfutter ist dagegen nach 8—9stündiger Verdauung die Reaktion dieser Darmabschnitte sauer geworden.

Die Ursache für dieses gegensätzliche Verhalten liegt in dem differenten Abbau des Kohlehydratmoleküls. Dieses wird leicht aufgespalten beim Hafer und in der Hauptsache über die Kohlehydratsäuren — nicht als Milch-Essigsäure — resorbiert. Anders die Maisstärke. Sie setzt der Depolymerisation größeren Widerstand entgegen, gelangt zum Teile noch in unaufgespaltenem Zustande oder in den ersten Spaltungsphasen bis in die distalen Darmteile und unterliegt hier der sauren Gärung. Als Ursache der sauren Reaktion wurde von Scheunert und Grimmer hauptsächlich Milchsäure festgestellt. Soweit sie nicht vergoren wird, kommt die Maisstärke als Zuckerstufe zur Resorption, wie Versuche am Phlorizinhund gelehrt haben.

Scheunert weist ferner auf die dünnflüssige Beschaffenheit des Mais-Chymus hin und seine rasche Fortbewegung durch die Peristaltik. Das spricht gleichfalls für größeren Gehalt an Zuckerstufen.

Hafer enthält übrigens eine Protease (Aron und Klempin[5]), die am stärksten in saurer Lösung wirkt und sogar Milcheiweiß anzugreifen vermag. Daher wird nichtgekochtes Hafermehl peptisch und tryptisch schneller gelöst, weil das proteolytische Ferment dann wirksam bleibt.

Nun sind natürlich diese Verhältnisse nur ganz entfernt mit der Physiologie des Menschen zu vergleichen. Es sei nur daran erinnert, daß im Magen der Einhufer fortwährend Abbauprodukte der Stärke resorbiert werden. Wichtig ist ferner in dieser Hinsicht die Bedeutung der in bestimmten Mehlen enthaltenen amylolytischen Fermente, die beim Omnivoren durch die physikalische Vorbehandlung der Nahrung vernichtet werden.

So wies z. B. ein mit rohem Hafer ernährtes Pferd einen Zuckergehalt von 1,5 Proz. und einen auf Milchsäure berechneten Säuregrad von 0,4 Proz. im Mageninhalt auf. Bei Fütterung mit gekochtem Hafer lauteten die entsprechenden Werte: 0,5 Proz. Zucker und 0,1 Proz. Milchsäure.

Im allgemeinen hebt schon eine Salzsäurekonzentration von 0,03 Proz. ab die Wirksamkeit saccharifizierender Fermente im Magen auf. Die im Hafer, Mais usw. enthaltenen Amylasen folgen diesem Gesetze ebenfalls, werden jedoch durch organische Säuren selbst bedeutend höheren Konzentrationsgrades — z. B. 0,5 Proz. Milchsäure — nicht in ihrer Tätigkeit behindert und behalten selbst bei Anwesenheit von 0,2 Proz.

Magensalzsäure ihr fermentatives Vermögen bei, also Konzentrationsgrade, die das Speichelferment längst unwirksam gemacht haben.

Für die Ernährungslehre des Menschen hat dieser Befund nun allerdings keine Bedeutung, da wir die fraglichen Nahrungsmittel nicht im Rohzustand konsumieren.

Scheunert und Grimmer haben ferner in zahlreichen Amylaceen ein Milchsäureenzym nachweisen können.

Mir scheinen die Versuchsergebnisse der Autoren nicht eindeutig genug. Es fehlen Angaben darüber, wie bakterielle Zersetzungen ausgeschlossen wurden. Die Berechnung auf Milchsäure ist ferner willkürlich, wenn man lediglich qualitativ mit Uffelmanns Reagens prüft, was übrigens die Autoren selbst zugeben.

Die Untersuchungen Scheunerts erhielten durch Versuchsergebnisse Bergmanns[14]) eine sehr bemerkenswerte Stütze. Auch Bergmann fand durch Erhitzung von Futterstoffen die Ausnutzung von Protein und Amylum um 7—20, 11—16 Proz. herabgesetzt, die Ausnützung der Rohfaser dagegen um 4—12, 9—22 Proz. erhöht. Er deutet diese Befunde ganz richtig so, daß die außerordentlich wirksamen proteolytischen und amylolytischen Eigenfermente durch die Erhitzung abgetötet werden, während die Rohfaser durch die Einwirkung der Hitze aufgeschlossen und nun leichter digestibel wird. Auch Bergmann fand das zuckerspaltende Eigenferment der Futterstoffe noch bei 0,2 Proz. Salzsäurekonzentration wirksam.

Es sei bei dieser Gelegenheit eine schon lange Zeit zurückliegende Äußerung Ellenbergers zitiert, die die Bedeutung der vegetabilischen Eigenfermente für den menschlichen Organismus dartun soll (zitiert nach Scheunert und Grimmer).

Die Nahrungsmittelenzyme „haben eine praktisch wichtige Bedeutung für die Ernährung der Menschen und der Tiere bei Krankheiten der Verdauungsorgane. Bei geschwächter Verdauung ist die Verabreichung der pflanzlichen Nahrungsmittel in rohem Zustande der in gekochtem vorzuziehen. Es erklären sich hieraus zum Teil die Heilerfolge der Vegetarier und besonders der Körneresser bei Magenkatarrhen, Leberleiden u. dgl. Die roh eingeführten Nahrungsmittel machen im kranken Magen trotz der verringerten Menge an Verdauungssäften einen normalen Fermentations- resp. Verdauungsprozeß durch, der durch die in den rohen Nahrungsmitteln enthaltenen Fermente bedingt wird. Werden die Nahrungsmittel in gekochtem Zustande eingeführt, dann verfallen sie in den Verdauungsorganen abnormen Gärungen, deren Produkte Magenkatarrhe usw. zu verschlimmern geeignet sind. Durch das Kochen der Nahrungsmittel werden allerdings gewisse Nährstoffe löslicher gemacht, ja sogar gelöst, das Kochen ist also gewissermaßen eine Verdauung, damit ist aber für den Patienten nichts gewonnen. Zucker und Dextrin werden von Personen schwacher Verdauung oft schlecht vertragen.

Zweifellos kommt bei den Körneressern, einer Sekte der Vegetarianer, noch in Betracht, daß dieselben die Körner im Munde gründlich durchkauen und einspeicheln, in einen milchartigen Brei umwandeln müssen, um dieselben gut schlingbar und schmackhaft zu machen. Die bedeutenden Speichelmengen, die infolgedessen während der Mahlzeit secerniert und in den Magen eingeführt werden, wirken in doppelter Hinsicht günstig auf den Magen ein, indem einerseits die Alkalien des Speichels einen Teil der schädlichen Gärungssäuren binden, und indem andererseits das diastatische Ferment des Speichels in so bedeutenden Mengen in den Magen gelangt, daß es wesentliche Verdauungswirkungen daselbst entfalten kann.

Auch die Wirkungsmöglichkeit des proteolytischen Fermentes der Körner wird durch den secernierten Speichel gesteigert. Demnach empfiehlt es sich, den Menschen und Tieren, die an Verdauungsschwäche infolge irgendwelcher Krankheiten leiden, gewisse vegetabilische Nahrungsmittel nicht in gekochtem, sondern in rohem Zustande und deshalb womöglich auch trocken zu verabreichen, damit dieselben tüchtig durchgekaut und eingespeichelt werden müssen“ (Ellenberger).

„Diese Betrachtungen des genannten Autors beziehen sich fast nur auf die Vorgänge der Magenverdauung. Wir möchten aber nicht unterlassen, darauf hinzuweisen, daß sie auch für die Darmverdauung zum Teil gültig sind. Bekanntlich kommen Störungen der bei der Darmverdauung wirksamen Verdauungssekrete (z. B. Pankreasachylie) verminderte Gallen- und Darmsaftsekretion usw. nicht selten vor.

Eine Behandlung des Magenleidens durch Verabreichung von Diastase, Pankreaspräparaten usw. wirkt dabei oft günstig und heilend. Nach unserer Ansicht ist in solchen Fällen aber gerade die Ernährung der kranken Menschen mit rohen Nahrungsmitteln (Körnern, rohen Früchten aller Art usw.) sehr am Platze. Die in diesen Nahrungsmitteln enthaltenen Enzyme treten an die Stelle der fehlenden Körperenzyme (der Enzyme des Pankreas-, Darm- und Magensaftes usw.) und bewirken einen nahezu normalen Verlauf der Verdauung. (Man wird von der Verabreichung von Fleisch zeitweise am besten ganz absehen, obwohl im rohen Fleiche auch Enzyme enthalten sind. Die unter dem Einflusse der Nahrungsenzyme ablaufenden Verdauungsvorgänge genügen für die Ernährung des Kranken, bis die kranken Organe, die während dieser Zeit vor übermäßigen Funktionsreizungen geschützt sind, zur Norm zurückgekehrt sind.

Diese Darlegungen sollen nur zeigen, daß die Untersuchungen auf das Vorhandensein von solchen Nahrungsmittelenzymen, die unter den im Magen und Darm gegebenen Verhältnissen wirken, und die Verdauung wesentlich unterstützen und unter Umständen kompensatorisch für die krankhafterweise fehlenden oder in zu geringer Menge vorhandenen Körperenzyme eintreten können, nicht nur ein hohes wissenschaftliches, sondern auch ein praktisch-medizinisches Interesse haben“ (Scheunert und Grimmer).

Auf die Unzuträglichkeiten, die der Genuß rohen Gemüses oft mit sich bringt, weist v. Hößlin[84]) mit Recht hin. Für den Kulturmenschen, der die Pflanzenkost zumeist gekocht oder gebacken usw. genießt, kommen die Eigenenzyme der Cerealien kaum in Betracht.

Für die Tierwelt haben sie dagegen sicher eine gewisse Bedeutung. Und die von Lewin[116]) berichtete Tatsache*), daß der Darm in arktischen Zonen lebender Tiere bakterienarm ist, verliert das Befremdende, wenn wir uns der in den verzehrten Vegetabilien enthaltenen Eigenfermente erinnern.

V. Beziehungen der Mehle zum Stoffwechsel.

Allgemeiner Teil.

A. Ausnützung.

Lange Zeit hindurch nahm man an, daß beim Neugeborenen und jungen Säugling eine Insuffizienz des stärkehydrolysierenden Fermentapparates bestehe. Durch die Heubnerschen[79]) Untersuchungen wurde dann aber dargetan, daß schon sehr junge Säuglinge teilweise Mehl ausgezeichnet zu assimilieren vermögen. Allerdings ist die Fähigkeit,

*) Dieser Befund wurde übrigens von Chauveau, Charcot u. a. bestritten.

Mehl abzubauen, individuell außerordentlich verschieden, was bei der großen Anzahl von Faktoren, die beim Mehlabbau beteiligt sind — harmonisches Ineinandergreifen von Hydrolyse, Diastasierung und Vergärung — verständlich ist.

In bezug auf die Ausnutzung des Mehles durch den menschlichen Organismus liegen bis jetzt folgende Untersuchungen vor, die freilich überwiegend am Erwachsenen und an Tieren gewonnen sind, da das Problem meist als „Brotfrage“ angesehen wurde.

a) Erwachsene.

Die Ausnützung der einzelnen Mehle beim Menschen ist eine verschiedene. Roggenmehl wird schlechter ausgenutzt als Weizenmehl. Nach Rubner[167, 168]) entspricht die Ausnutzung feinen Roggenmehls derjenigen groben Weizenmehls.

Prausnitz[151]) fand folgende Verluste durch den Kot:

		Trockensubstanz	N	Asche	Cellulose
A	Weizenbrot	5,3 Proz.	15,1 Proz.	17,1 Proz.	— Proz.
	Roggenbrot	9,5 „	23,5 „	22,9 „	— „
B	Weizenbrot	4,1 „	9,1 „	15,4 „	— „
	Roggenbrot	7,9 „	15,9 „	23,3 „	— „
C	Weizenbrot	7,18 „	17,35 „	30,81 „	47,35 „
	Roggenbrot	9,89 „	30,23 „	46,55 „	59,74 „

(bei A und B dekortiziert, bei C nicht).

Da 100 Teile Mehl etwa 130 Teile Brot liefern, so reduzieren sich die prozentualen Werte der einzelnen Komponenten für das Brot:

		N	Fett	Kohlehydrate
Weizenmehl	enthält:	10,2 Proz. N,	0,9 Proz. Fett,	75 Proz. Kohlehydrate,
Weizenbrot	„	6,8 „ „	0,8 „ „	52,4 „ „
Roggenmehl	„	10,9 „ „	0,8 „ „	70,5 „ „
Roggenbrot	„	6,0 „ „	0,5 „ „	48,0 „ „

(Rubner).

Verluste durch den Kot bei Erwachsenen bei Mehl (Brotnahrung) im Vergleich zu anderen Ernährungsformen.

	Art der Nahrung	Täglicher Verlust in Prozent der Aufnahme: Trockensubstanz	Stickstoff	Fett	Kohlehydrate	Asche
1.	3000 Kuhmilch	8,9	8,6	5,1	0	37,1
2.	898 Feinbrot	4,1	21,3	44,7	1,1	19,3
3.	882 Mittelfeinbrot	6,7	24,6	62,9	2,6	31,2
4.	989 Brot aus Vollkorn	12,3	30,5	51,0	7,4	45,0

(zit. nach v. Noorden, Handb. d. Path. d. Stoffwechsels).

Hier lenken die enormen relativen Fettverluste den Blick auf sich. Zur Kotbildung wird Fett benötigt, das entweder dem Nahrungsfett entnommen oder aber von dem Darm secerniert wird. Auch die N-Verluste sind hoch; ich komme weiter unten hierauf zurück.

Die feuchten Kotmengen betrugen bei 2. 132,7
3. 252,8
4. 317,8.

Der Anstieg der Kotmenge beweist die dominierende Rolle der Cellulose für die Kotbildung.

Auf 100 g Trockensubstanz	im	Weißbrot kommen	4,5	Trockenkot
,,	,,	Reis	4,1	,,
,,	,,	Fleisch	5,1	,,
,,	,,	Fett	8,5	,,
,,	,,	Milch	9,0	,,
,,	,,	Kartoffeln	9,4	,,
,,	,,	Schwarzbrot	15,0	,,

(zit. nach Nagel, Handb. d. Physiol.).

Bei Kartoffelnahrung teils in Form grober Stücke (I), teils als Brei (II) ergab sich folgendes Verdauungsresultat:

	I		II
Kot-Stickstoff	= 32,2 Proz.	der Nahrung	= 19,5 Proz.
Kohlehydrate im Kot	= 7,6 ,,	der Nahrung	= 0,74 ,,

(zit. nach v. Noorden).

Bei gut zubereiteter, d. h. durch genügend langes Kochen gehörig aufgeschlossener Reiskost ist die Kotmenge nicht größer als bei gemischter Kost. Hierbei spielt allerdings die Armut des Reis an Cellulose eine Rolle mit. Aron und Hocson*) konnten bei reiner Reiskost kein Stickstoffgleichgewicht beim Erwachsenen erreichen. Es wurden 30% des eingeführten Stickstoffs wieder durch den Kot ausgeschieden.

Vom Stickstoff unzerkleinerter Linsen wurden 60 Proz., von dem des Leguminosenmehls dagegen 82 Proz. resorbiert.

Vergleichende Ausnutzungsversuche von roher Weizen- und Haferstärke beim Menschen rühren von Fofanow[54]) her.

Bei 50 g Weizen betrug die unverdaute Stärke 2,6 Proz., bei 50,0 Hafer 2,4 Proz., obgleich bei Hafer die Trockensubstanz des Kots um 7,0 erhöht war. Die Unterschiede sind gering, fallen aber schwer ins Gewicht, wenn man sich erinnert, wie ausgezeichnet Mehle vom Erwachsenen resorbiert werden, fand doch Rubner von 670 g Brot nur 5,0 Kohlehydrate im Stuhl wieder.

Schon mehrfach habe ich auf die Bedeutung, die man neuerdings der sauren Reaktion der Nahrung beimißt, hingewiesen.

Es ist von Interesse, daß saures resp. stark saures Brot eine aus Fleisch und Brot zusammengesetzte gemischte Kost nicht nur nicht schlechter, sondern sogar etwas besser ausnützbar gestaltet als wie schwach saures Brot.

Die bessere Resorption betraf Stickstoff und Trockensubstanz.

(Untersuchungen Lehmanns[114]) und seiner Schüler.)

*) Biochem. Zeitschrift Bd. 32.

Ich erinnere hier ferner an die Tatsache, das reine Makkaroni- oder Kartoffelkost durch Zulage von Fleisch, Milch, Käse usw. besser ausgenutzt wurde.

b) Versuche am Hund.

Bei Fütterung mit Stärke (Fr. Müller[134]) betrug der Stickstoffgehalt des Trockenkotes 4,38 Proz., der Aschengehalt 7,34—14,3 Proz. (Die beiden letzten Zahlen wurden erhalten bei der Verfütterung der gleichen Stärkemenge!)

Über Fütterung mit Brot liegt ein größeres Zahlenmaterial vor.

N-Gehalt des Trockenkots: 2,9 Proz.
3,5 „ (G. Meyer[128]).
2,9—3,5 Proz. (Fr. Müller).
Aschengehalt: 6—12,5 Proz. (Fr. Müller).

Auf die Trockensubstanz bezogen erscheinen die Verluste durch den Brot- und Stärkekot klein. So beträgt der N-Gehalt des Fleischkotes nach Fr. Müller 4,2—6,5 Proz. und der Aschengehalt 20—34 Proz.

Auch vergleichende Zahlen der Koprologie des Menschen verführen zu dem gleichen Schluß.

Kostform	N-Gehalt	Aschengehalt
Makkaroni, Mais, Weißbrot	4,6—8,3 Proz.	— Proz.
Fleischkost	6,5—6,9 „	13—16 „
Milchkost	4 „	27—35 „
Erbsen	7 „	— „
Vegetarianische Kost	— „	11,32 „
Schwarzbrot	— „	8,81 „

Diese Betrachtung ist jedoch unzulässig. Im Verhältnis zur Einfuhr sind die Verluste bei Stärke und Brot sehr hoch. Die großen Kotmengen täuschen über die Höhe der Ausscheidungen an N und Asche.

Nach der Einfuhr berechnet beträgt der Aschenverlust

bei	Fleischkost	20	Proz.
„	Eierkost	18	„
„	Milchkost	47	„
„	Reiskost	42	„
„	Kartoffeln	36	„

und bei Brotkost (Schwarzbrot) wird „manchmal“ (Rubner[166]) mehr ausgeschieden als eingeführt.

Ähnlich verhalten sich die N-Verluste. Der N-Verlust im Brotkot beträgt 15 Proz. nach G. Meyer[128]). Ob dieser Verlust durch eine prinzipiell schlechtere Assimilation des vegetabilen Stickstoffs bedingt ist, werde ich später erörtern. Ich bezweifle das. Bei cellulosereicher Kost sind die Darmsekrete und Bakterien vermehrt, die Gärungssäuren haben beschleunigte Peristaltik im Gefolge. Aus diesen Gründen erklärt sich rein mechanisch die schlechtere Ausnützung. Es ist bekannt, daß gewisse Futtersorten beim erstmaligen Passieren des Darmrohrs noch so viel nicht assimilierte Substanz enthalten, daß sie mit Erfolg zur Fütterung anderer Tiere verwendet werden. Die enorm vermehrte Kotmenge von Hunden bei allerdings ausschließlicher Brotkost enthielt im wesentlichen unverdautes Brot.

Fr. Müller[134]) hat diese Tatsache durch Elementaranalysen festgestellt.

Brotkot verhielt sich, auf Prozente der einzelnen Elemente berechnet, analog der Zusammensetzung von Brot, während sich zwischen Fleischkot und Fleisch keine derartige Parallele ziehen ließ.

	Brot	Brotkot	Fleisch	Fleischkot
C	45	47	52	43
H	6,4	6,6	7,2	6,5
N	2,4	3,0	14	6,5
O	42	36,1	21,4	13,6
Asche	4	7	6	30

An regulären Stoffwechselversuchen über die Ausnützung der verschiedenen Getreidemehle beim Erwachsenen mangelt es fast völlig. Dagegen liefert die tierphysiologische Literatur einige Vergleichszahlen.

Von Völtz und Jakuwa[203]) wurden Stoffwechselversuche an Hähnen über die Ausnutzung von Amylaceen angestellt.

Bei Roggenfütterung betrug der Nutzungswert 75,6 Proz. des Kaloriengehaltes, beim Hafer 66,8 Proz., also weniger.

Der Stickstoffansatz war bei beiden Mehlen annähernd gleich:

bei Roggen 25,6 Proz. des resorbierten Stickstoffs,
bei Hafer 26,5 Proz. der Zufuhr.

Dagegen erwies sich der Hafer insofern dem Roggen weit überlegen, als eine tägliche Durchschnittszunahme von 17,4 g erzielt wurde, während in der Roggenperiode (je 5—6 Tage) Gewichtsstillstand zu verzeichnen war.

„Es handelt sich hier also um die spezifische Wirkung eines Futtermittels", trotz des — durch höheren Cellulosegehalt bedingten — geringeren Nutzwertes des Hafers.

Ähnliche Untersuchungen an Kaninchen verdanken wir Weiske[208]), sie erlauben die gleichen interessanten Schlußfolgerungen, wie die oben geschilderten.

Die Nutzungswerte (Verdauungskoeffizienten) betragen im Mittel in Prozenten

	Trocken-substanz	Organ. Substanz	N	Rohfaser	Asche	Kohle-hydrate
Hafer	73,7	74,5	80,2!	21,6	46,4	79,5
Gerste	84,0	85,4	67,7!	25,1	51,2	91,2
Roggen	84,4	85,4	63,0!	18,5	34,2	91,2

Das Hafereiweiß wurde also um 12,5 Proz. besser als das der Gerste und um 17,2 Proz. besser als das des Roggens verwertet. Die stickstoffreien Bestandteile des Hafers kommen jedoch um 11,7 Proz. schlechter zur Resorption als die von Roggen und Gerste.

Dagegen fällt die Fettausnutzung sukzessive vom Hafer zum Roggen ab:

Hafer	93,8	Proz.
Gerste	86,3	„
Roggen	76,3	„

Man erinnert sich hierbei der korrespondierenden Beobachtung aus der Pädiatrie, daß die Nutzungswerte des Fettes um so schlechter sind, je fettärmer die Nahrung ist, z. B. Buttermilch.

v. Wolff[210]) fand ebenfalls beim Pferd Haferprotein besser verwertet als Gerstenprotein, 80—86 Proz. zu 77—80 Proz.

Leider liegen Parallelversuche mit Weizen nicht vor.

c) Säuglingsalter.

Reismehl ohne Milch wurde von den ernährungsgestörten Säuglingen Heubners außerordentlich gut ausgenützt. Heubner[79]) und Carstens[28]) fanden bei einem 7wöchigen Säugling von 18,0 Amylum der Nahrung 0,0 im Kot wieder, bei einem 14wöchigen von 40,28 Nahrungsamylum, 0,17 Kotamylum und bei einem 52wöchigen von 99,75 Nahrungsamylum 0,28 Kotamylum. Weil sie so minimale Bruchteile von Prozenten in den Faeces wiederfanden, nahmen die Autoren eine fast totale Resorption (als Zucker) an.

Mit Recht machten demgegenüber Biedert und Schloßmann[176]) geltend, daß auch die bakterielle Zersetzung der Grund sein könne, warum bei den Säuglingen Heubners nichts mehr vom Mehl in den Faeces nachweisbar war.

Auch Hedenius[72]) stellte durch Titration des Säuregehaltes der Faeces bei Mehlfütterung und Bestimmung des Kohlehydratgehaltes der Stühle fest, daß die meist stark erhöhte saure Reaktion für intensive Gärungsprozesse beweisend sei. Es fällt also zweifellos ein Teil des Mehles den Darmbakterien zum Opfer. Ob nutzlos, ist jedoch eine ganz andere Frage.

Hedenius sah ferner einfache Mehle besser verwertet, als Kombinationen. Eine einwandsfrei befriedigende Erklärung des letzteren Befundes läßt sich nicht geben. Nach anfänglicher Gärungsdepression, wodurch die rapide Entstehung von Gärungssäuren in sehr zweckmäßiger Weise vermieden wird, nimmt die Säurebildung in den tieferen Darmabschnitten wieder zu und man sollte eine gute Ausnutzung erwarten.

Das gleiche ist aus der Tierphysiologie bekannt: Zulage von Stärke oder Rohrzucker zum Futter setzt die Ausnutzung der Cellulose herunter, und zwar steigt die Differenz an, je größer die Zulagen werden. Tappeiner[190]) erklärte dies mit der Fixierung der Gärungserreger an das leichter aufspaltbare Kohlehydrat.

Beim Menschen fand G. Meyer[128]) verminderte Ausnutzung bei Zugabe von Kleie zum Brot; das Gegenteil berichtet dagegen Rubner[167, 168]). Der Ausnützungskoeffizent ist ja schließlich auch nicht das Maßgebende, sondern der Nähreffekt, eine Tatsache, auf die die neueren vergleichenden Stoffwechselversuche von Völtz[203]) bei Hühnern mit Roggen- und Haferfütterung ein interessantes Streiflicht werfen.

v. Reuß[154]) glaubt, daß die reinen Mehle weniger peristaltikanregende Gärungssäuren liefern, als die mehr oder minder vermalzten. Infolge vermehrter Peristaltik ist alsdann die Ausnutzung der komplizierten Kohlehydratmischungen herabgesetzt.

Diese Hypothese hat die Befunde von Philips[149]) und Concornotti[33]) gegen sich. Beide Autoren fanden die vermalzten Mehle besser ausgenutzt.

Während Hedenius[72]) bei einfachen Mehlmischungen weniger Säure im Stuhl titrierte als bei komplizierteren amylaceenhaltigen Kombinationen, fand Philips gerade bei vermalzten, aufgeschlossenen Mehlen geringere Säurezahlen als bei natürlichem Mehl.

Möglicherweise spielt nun die starke Anregung der Darmsekretion durch die Gärungssäuren der Malzsuppe, die Mucinkoagulation auf der Schleimhaut durch dieselben und verminderte Resorption eine Rolle. Auch diese Nencki-Siebersche[123]) Hypothese hat ihre Schwächen. Die Qualität der Gärungssäuren muß bei reinen Mehlen und aufgeschlossenen Mehlen eben eine andere sein. Die geradezu deletäre Wirkung an Säuglinge verfütterten chemisch reinen Dextrins hat uns dies gelegentlich einmal sehr drastisch bewiesen.

Die Ausnutzung des Mehles sinkt nach Carstens[28]) bei länger dauernder Verabreichung. Diese Tatsache findet ihre Erklärung dadurch, daß die Bakterienvermehrung in dem stark saueren Milieu allmählich abnimmt.

Schloßmann*) hat seinerzeit darauf hingewiesen, daß die kalorimetrische Bestimmung des Kotes einen guten Indikator für die Zweckmäßigkeit eines Ernährungsregimes abgebe. Beträgt die Anzahl der im Kot ermittelten Kalorien mehr als 10 Proz. der Energiezufuhr, so ist die Grenze des Normalen überschritten.

Das Zahlenmaterial, das in dem Versuch Rubners und Heubners[78]) niedergelegt ist, ermöglicht eine Berechnung auch nach dieser Richtung hin.

Es betrug bei Kind I (Kuhmilch) die Kalorienmenge

der Nahrung 1523,9,
des Kotes 149,1.

Es erscheinen mithin im Kot wieder **9,8 Proz.** der eingeführten Spannkraft.

Bei Kind II (Mehl) wurden eingeführt: **593,4** Kalorien,
und erschienen im Kot **93,55** „

Es gingen mithin in Verlust **16 Proz.**

*) Schloßmann, Berliner klin. Wochenschr. 1903. Nr. 12.

Im Harn verlor Kind I 3,1 Proz. Kalorien,
„ II 1,8 „ „

Bei Kuhmilch entspricht der Brennwert des Kotes also dem Schloßmannschen Postulat. Bei Mehldiät überschreitet er die Grenzzahl um 6 Proz.

Die Kohlenstoffbilanz bei Mehlkost läßt im Fall Rubners und Heubners [78]) auf völlige Verbrennung des Mehles schließen. Auch bei Niemann[138]) nehme ich dasselbe an, wenngleich in der Periode I (den ersten 3 Tagen) der C-Gehalt des Kotes auffallend hoch ist. Man könnte hier einwenden, daß die gesteigerten Gärungsprozesse die Ausnutzung des Mehles beeinträchtigt haben könnten. In Periode II (Tag 4—6) sinkt die C-Ausfuhr im Kot stark ab. Hier ist sicher das Mehl völlig utilisiert.

B. Die Beziehungen der Darmflora zum Mehlabbau.

Escherich[47]) war es, der zuerst vor nun bald 25 Jahren in erstaunlich präziser Formulation auf die Beziehungen zwischen Darmflora und Ernährung hinwies und auf die gewissermaßen „antiseptische Behandlungsmethode der Magen-Darmkrankheiten des Säuglingsalters" vermittels bestimmter diätetischer Maßnahmen. „Die Entziehung aller Kohlehydrate, die Durchführung der sogenannten Eiweißdiät erscheint als ein sicheres Mittel, um diese Prozesse (Kohlehydratgärung) zu unterdrücken." Und umgekehrt gelingt es, durch Zufuhr geeigneter Kohlehydrate die unter pathologischen Verhältnissen ablaufende Eiweißfäulnis zu beheben, indem durch eine saccharolytische antagonistische Darmflora die abnorme proteolytische Vegetation verdrängt wird.

In diesen Thesen ist der Keim aller jener Untersuchungen bereits enthalten, durch die spätere Forscher — Moro, Finkelstein, Kohlbrugge, Rodella, Tissier, Sittler u. a. — unsere Kenntnisse über die Biologie der Darmbakterien bereichert haben, von der Impfung des Nährbodens mit antagonistischen Bakterien durch Buttermilch (de Jager) Zwieback (Heubner) an, bis zu den jüngsten Studien über die Eiweißmilchtherapie von Finkelstein und Meyer.

Man nimmt an, daß namentlich in den oberen Dünndarmpartien, der „Milchsäuregärungszone" Escherichs, die saure Gärung durch Bact. lactis aerogenes, vorherrscht. Die durch Bact. lactis aerogenes eingeleitete Gärung ist natürlich abhängig von der Qualität des Nährsubstrates. Aus Milchzucker wird hauptsächlich Milchsäure gebildet (Escherich) oder Milch- + Essigsäure (Bischler[20]) oder Essig- + Bernsteinsäure (Grimbert[64]).

Aus Dextrose entsteht nach Grimbert Milchsäure. In Kuhmilch werden Milchsäure, Essigsäure, Bernsteinsäure gebildet (Bertrand und Weisweiller[12]). Blumenthal[24]) fand hauptsächlich Bernsteinsäure.

Nach Rodella[158]) bilden die Saccharolyten in Milch im wesentlichen flüchtige Fettsäuren; auch Kohlehydrate sollen, anaerob vergärt, überwiegend flüchtige Fettsäuren liefern.

Dieser Meinung schließt sich Sick[184]) an.

Glycerin wird nach demselben Autor nicht vergärt, dagegen berichtet Du Camp[40]) gegenteiligerweise über Vergärung des Glycerins durch Bact. lactis aerogenes.

Andererseits sollen wiederum gewisse Anaerobier aus der Buttersäurebacillengruppe zur Milchsäurebildung befähigt sein (Rodella). Die Lactacidase roher Milch (Stocklasa) hat wegen ihrer Abtötung durch den Kochprozeß für die vorliegende Frage keine Bedeutung. Und die Bakterienenzyme Buchners und Meisenheimers[27]), die auch nach Abtötung der Sacharolyten selbst noch imstande sein sollen, Milch- und Essigsäuregärung einzuleiten, sind noch zu wenig studiert. Nach Fuhrmann[59]) sollen die Darmbakterien im übrigen wenig oder meist gar nicht zu diastasierenden Leistungen befähigt sein.

Die außerordentlich starke Befähigung des Bact. lact. aerogenes zur Milchsäurebildung ist durch Versuche Haackes[67]) erwiesen. 1 g Bact. lact. aerogenes-Reinkultur kann in 1 Stunde 178 g Milchzucker zerlegen. 1000 Keime, der winzige Bruchteil der Bacillenmenge, die in einer Platinöse vorhanden ist, zerlegen in 1 Stunde bis 8 mg Milchzucker.

Unter Berücksichtigung aller dieser Faktoren dürfen wir eine saure Gärung im Säuglingsdarm mit ziemlicher Bestimmtheit voraussetzen und annehmen, daß ihre Intensität keine geringe ist, worauf auch Jacobi[86]) mit den Worten: „Säurebildung ist nicht abnorm, wird aber leicht abnorm" hindeutet.

Bei der Zuckertheorie des Mehlabbaus bedurfte man der Mitwirkung der Darmbakterien des Säuglings nur in ganz bescheidenem Umfange. Hier hatten sie nur die Aufgabe, für das Quantum Gärungssäure zu sorgen, das zur Peristaltikerregung benötigt wurde. Nachdem aber die Bedeutung der organischen Säuren beim Mehlabbau festgestellt ist, muß auch die Anteilnahme der Gärungserreger bei der Bildung dieser Säuren höher bewertet werden. Die Untersuchungen der jüngsten Zeit haben gelehrt, daß Weizenmehl schwerer diastatisch abbaubar und schwerer bakteriell aufspaltbar ist, als Hafermehl. Es wird also Weizenmehl in Anbetracht des größeren Widerstandes gegen Depolymerisation für die Bakterien ein weniger günstiges Nährsubstrat bilden als Hafer. Stuhlanalysen haben daher auch ergeben, daß Hafermehl die Bakterienmenge — nach der Strasburgerschen Methode gewogen — stärker anschwellen läßt als Weizenmehl.

In der Darmflora des Säuglings sind nun — da die Proteolyten stark zurücktreten — im allgemeinen wohl immer die Bedingungen dafür gegeben, daß die Gärungserreger quantitativ ausreichen, um den ihnen zufallenden Teil des Mehlabbaus zu bewältigen. Wesentlich anders liegen die Verhältnisse dagegen beim Erwachsenen. Hier treten normalerweise die Gärungserreger gegenüber den Proteolyten zurück. So kommt es, daß beispielsweise bei der v. Noordenschen Haferkur die Saccharolyten nicht in ausreichender Menge vorhanden sein können um das Hafermehl ausgiebig zu vergären. In diesen Fällen — vielleicht spielt auch eine teilweise Insuffizienz des diastatischen Abbaus mit hinein — kommt Hafer in der Hauptsache als Zucker zur Resorption und vermehrt die Glykosurie. Es harmoniert mit dieser Erklärung der Befund von Lipetz[118]), daß bei erfolgloser Haferkur die Stuhlbakterienmenge nicht vermehrt war. Andererseits werden die neuerdings berichteten günstigen Erfolge einer Weizenmehlkur, so befremdend sie anfangs wirken mußten, dadurch verständlich, daß in diesen Fällen eine kräftige saccharolytische Darmflora vorhanden war, der es gelang, den Weizen über die Klippen der Zuckerstufe zu bringen und im wesentlichen zu vergären. Den Beweis für diese Theorie habe ich bereits erbracht durch das Experiment*).

Es gelang in der Mehrzahl der Versuche durch eine längere einseitige Kohlehydratmästung bei Hunden eine kräftige saccharolytische Darmflora zu züchten und dann im Phlorizinversuch bei Weizenfütterung eine Fettleber zu erzielen, während bei Hunden mit gemischter Kost bekanntlich eine Glykogenleber entsteht. Umgekehrt konnten einseitig mit Fleisch und Fett gefütterte Hunde — also mit einer an Gärungserregern verarmten Darmflora — das Hafermehl nicht mehr über die Zuckerstufe hinaus vergären. Es entstand eine Glykogenleber, während normalerweise eine Fettleber erwartet werden mußte.

Diese Versuche lehren, daß es gelingt, unter Umständen durch planmäßige diätetische Einwirkungen auf die Darmflora den normalen Abbau von Hafer und Weizenmehl komplett umzukehren. Wir haben es also in der Hand, durch äußere Agentien auf den Kohlehydratabbau einzuwirken. Die Diabetestherapie wird aus dieser Feststellung Nutzen ziehen. Herter und Kendall ernährten Affen und Katzen teils mit Fleisch- teils mit kohlehydratreicher Kost und fanden dementsprechend bei ersterer Nahrungsform eine proteolytische, bei letzterer eine saccharolytische Darmflora. „Der Nährboden macht die Flora, nicht umgekehrt“ (A. Schmidt).

Man könnte mir einwenden, daß ich die Darmflora überbewerte, die enzymatischen Prozesse aber zu niedrig einschätze.

Ich bin überzeugt, daß die Tätigkeit der diastasierenden Fermente des Organismus gegenüber der Aktion der Darmflora zurücktritt. Dafür spricht die Tatsache, daß bei der Phlorizinmethodik der Fermentapparat gar nicht in Betracht kommt und nirgendwie speziell alteriert wird. Unter den Bedingungen des Phlorizinversuches wird die Tätigkeit der diastatischen Fermente von Speichel, Pankreas, Darmschleimhaut usw. überhaupt nicht berührt.

Durch diätetische Maßnahmen wird die Symbiose der Darmbakterien dagegen auf das empfindlichste gestört, und der Ausfall der Versuche entspricht in allen Einzelheiten den theoretischen Erwartungen.

Bei den Phlorizinversuchen wurde ferner der Ausfall der Versuche niemals dadurch beeinflußt, ob man den Hunden Weizenmehl bzw. Hafermehl durch die Schlundsonde gab oder sie die Nahrung spontan fressen ließ. Im letzteren Falle müßte die Wirkung des Mundspeichels

*) Klotz, Zeitschrift f. exper. Pathol. u. Therap. 9. 1911.

sich doch irgendwie im Sinne einer Beförderung des Abbaus geltend machen. Aber davon war nichts zu merken. Ein weiterer Beweis ist die Beeinflussung der Resultate des bekannten Rosenfeldschen Fundamentalversuches mit Dextrose per os ebenfalls durch einseitige vorherige Kohlehydratmästung der Versuchstiere. Ein Eingehen hierauf würde aber zu weit führen. Es sei deshalb auf die einschlägigen Publikationen*) verwiesen.

Der beste Beweis für die hohe Bedeutung der Darmflora in dieser Frage liegt aber wohl darin, daß auch bei pankreasdiabetischen Hunden — also nach Ausschaltung des diastasierenden Pankreassekrets — die Rosenfeldsche Versuchsanordnung zu gleichen Resultaten führt, wie bei der Phlorizinmethode.

Die Diabetes-Literatur der letzten Jahre zeigt deutlich, daß man der Darmflora bzw. fermentativen Vorgängen im Darm steigendes Interesse zuwendet. Diese Anschauung erfährt durch die eigentümliche Rolle der Darmflora, die in meinen Versuchen so prägnant zutage trat, eine neue Stütze und wird zu weiterem Studium der darmmikrobiellen Verhältnisse anregen. Klemperer erklärt die auffallend günstige Wirkung kleiner Dextrosegaben per os an acidotische Diabetiker ebenfalls mit Hilfe der Darmmikroben (Therapie der Gegenwart 1911). Auch Arany[4]) vertritt, wenn er sich auch leider in viel zu weit gehenden Hypothesen verliert, die Bedeutung der Darmflora bei Diabetes. Er glaubt, daß die Darmmikroben Stoffe an den Darmsaft abgeben, die entweder Fermente aktivieren oder selbständig in den Stoffwechsel eingreifen, z. B. Kohlehydrate bereits in den Epithelzellen in Fett umwandeln. Nun kann aber die Pavysche[144]) Hypothese der Fettbildung aus Mehl als widerlegt gelten, und auch die Glykotoxinvorstellung steht auf ganz hypothetischem Boden. Ich zitiere Arany auch nur deshalb, weil mir daran liegt, darauf hinzuweisen, wie weitgehend von anderer Seite die Darmflora zur Erklärung des Diabetes herangezogen wird. Darin hat Arany aber zweifellos recht, daß er von einem erneuten Studium der Biologie der Darmflora Aufklärung für die Lehre von der Zuckerkrankheit hofft.

Die Beziehungen der einzelnen Mehle zu den Darmmikroben sind bis jetzt wenig studiert. Wir wissen nur, daß die Mehle für die Vermehrung der Bakterien außerordentlich günstige Bedingungen zu bieten scheinen. Dies geht hervor aus meinen Untersuchungen über die wägbare Stuhlbakterienmenge bei Anreicherung der Nahrung mit verschiedenen Kohlehydraten.

Ich stelle im folgenden einige Zahlen über den Prozentgehalt der Trockenfäces an Bakterien zusammen.

A. Säuglinge.

Nahrung			Bakterienmenge	
Kuhmilch —	Haferschleim —	Rohrzucker	24 Proz.	—
„	Weizenstärke	„	27 „	—
„	Weizenmehl	„	27 „	25 Proz.
„	Zwieback	„	30 „	28 „

*) Zeitschrift f. exp. Path. u. Therap. Bd. 9. Archiv f. exp. Path. u. Pharmak. Band 67.

			(Kind L.)	(Kind Eh.)
Kuhmilch —	Gerstenschleim —	Rohrzucker	35 Proz.	36 Proz.
,,	Haferschleim	,,	20 ,,	38 ,,
			(Kind K. M.)	(Kind B.)
,,	Weizenmehl	,,	23 Proz.	31 Proz.
,,	Hafermehl	,,	27 ,,	31 ,,
Frauenmilch	16 Proz. 24 Proz.	30 Proz.	33 Proz.	34 Proz.

im Mittel 27 Proz.

Jedenfalls kommt der Prozentgehalt der Trockenfäces an Bakterien bei Mehlfütterung dem bei Brustkindern gleich.

B. Ältere Kinder.

	Kind Schw.	Kind E. B.
Fleisch + Fett + Weizenmehl	21 Proz.	31 Proz.
Fleisch + Fett + Hafermehl	28 ,,	53 ,,

Die Wägungsmethode der Fäcesbakterien nach Strasburger ist nicht fein genug, um beim Säugling, mit seiner vorwiegend saccharophilen Darmflora, Differenzierungen nahestehender Mehlsorten zu gestatten. Beim Erwachsenen dagegen gelingt dies bei weitem besser, wie schon Lipetz[168]) festgestellt hat. Er fand bei Diabetikern, die eine Haferkur durchmachten, erhebliche prozentuale Zunahmen des Bakteriengehaltes der Trockenfäces.

Aus seinen Tabellen ergibt sich folgendes:

	Kot-trockensubstanz	Bakterien-menge	Bakterien in Prozent des Trockenkotes
Vorperiode	77,5	9,82	12,7
Haferkur	63,4	19,57	30,9
Vorperiode	nicht bestimmt	26,86	nicht bestimmt
Haferkur	,, ,,	37,73	,, ,,

(Versuchsdauer 3 Tage).

Bei Diabetikern, die durch die Haferkur keine Besserung ihrer Toleranz erfuhren, kam Lipetz dagegen zu diametral entgegengesetzten Resultaten. Die Bakterienmenge sank bei der Haferkur z. B. von 42,13 auf 8,03 in dreitägiger Versuchsperiode. In diesen Fällen blieb die Bakterienvermehrung aus. Man wird der Anschauung Lipetz', daß hier keine sonderliche Vergärung der Haferstärke stattgefunden hat, wohl beipflichten können. Die neueren Untersuchungsergebnisse zwingen dazu, anzunehmen, daß bei der Haferkur die Vergärung eine intensive ist und die Bakterien dabei hervorragend beteiligt sind. Wir können also mittels der Strasburgerschen Methode feststellen, ob z. B. Hafermehl normal verwertet wird. Es muß — wenn nach einer kohlehydratarmen Kost Hafermehl verabfolgt wird — eine Bakterienvermehrung eintreten. Bleibt sie aus, so liegen Abweichungen von der Norm vor. Diese können wir klinisch natürlich schon wesentlich schneller feststellen. Immerhin wird eine Bakterienwägung nachträglich den klinischen Befund bestätigen.

Das Ausbleiben der Bakterienvermehrung bei Verabreichung hochmolekularer Kohlehydrate weist mithin auf Störungen im Zusammenwirken von Darmenzymen und Darmmikroben hin. Die Anwesenheit einer kräftigen saccharolytischen Darmmikrobenflora wird heute von den Anhängern der „intestinalen Autointoxikation" als bestes Mittel angesehen, um die unter diesem Namen zusammengefaßten krankhaften Erscheinungen von seiten des Kreislaufs und Nervensystems zu verhüten und zu heilen. Und ein Chirurg*) geht sogar so weit, die saccharophilen Bacillen zur Bekämpfung der akuten Peritonitis zu verwenden, indem er Dextroselösungen in die Abdominalhöhle einbringt. Der Autor vergißt bei dieser „biologischen" Therapie, wie schädlich die Stoffwechselprodukte der acidophilen Bakterien gelegentlich sein können und täte gut, sich aus der pädiatrischen Fachliteratur darüber zu informieren. Die Erfolge der alimentären Mikrobiotherapie im Sinne Combes und Metschnikoffs halten unvoreingenommener Kritik nicht stand. Gleichwohl tischt eine rührige skrupellose Reklame jahraus jahrein dieselben längst widerlegten Märchen über die lebensverlängernde Wirkung der diätetischen Behandlung mit Yoghurtmilch usw. auf.

Auf wie schwacher wissenschaftlicher Basis die Mikrobiotherapie noch steht, kann aus folgender Antithese erschlossen werden. Herter führt den sogenannten „intestinalen Infantilismus" auf die Persistenz einer Darmflora von infantilem Charakter, insonderheit des Bac. bifidus, zurück. Tissier benutzt dagegen gerade den Bac. bifidus, den er per os in Reinkultur einführt, in Verbindung mit laktovegetabiler Diät, um Dyspepsien älterer Kinder zu heilen. Er berichtet ferner, daß es durch geeignete Diät gelingt, das Wachstum der Gärungserreger auch bei Kindern bis zu 10 Jahren so zu fördern, daß der Bifidus 70—80% der Stuhlbakterien ausmacht.

Nach einer Beobachtung Mereshkowskis führt dagegen ein Übermaß an Acidophilen zu Diarrhöen. Auch Moro fand in spritzenden Stühlen bei Karottensuppendiät anscheinend mit Bifidus identische Mikroben.

Bezüglich des Verhältnisses der Darmflora zu den einzelnen Amylaceen sei auf eine interessante Beziehung der Saccharolyten zum Weizenmehl aufmerksam gemacht.

Im allgemeinen gilt die gewiß berechtigte Anschauung, daß in einem Gemisch von Kohlehydraten die Bakterien zuerst das leichter vergärbare abbauen. Es ist bekannt, daß Traubenzucker vielfach andere Kohlehydrate vor der Zersetzung schützt. Um nur ein Beispiel zu erwähnen, greift der in den Fäces vorhandene Amylobakter Cellulose erst an, nachdem er gleichzeitig angebotenen Traubenzucker aufgebraucht hat. Aber sowohl die einzelnen Bakterien, wie auch die Kohlehydrate verhalten sich nicht immer analog. Das Wahlvermögen der Bakterien ist sehr different. Werden Malzextrakt und Weizenmehl — in äquivalenten Mengen — jede Substanz für sich der Gärung ausgesetzt, dann wird Malzextrakt viel intensiver vergärt. Mischt man beide

*) Die biologische Behandlung der Peritonitis. Münchener med. Wochenschr. 1911.

Kohlehydrate in äquivalenter Dosis miteinander, dann zeigt sich, daß die Bakterien nun nicht zuerst das leicht vergärbare Malz abbauen und dann erst das Weizenmehl aufspalten, sondern sie verteilen sich auf beide Kohlehydrate. Dabei entsteht nun nicht sogleich eine größere Quantität von Gärungssäuren, wie man infolge der Addition der beiden Stoffe erwarten müßte, sondern es resultiert sogar anfänglich eine Verlangsamung des Gärungsprozesses, eine ,,Gärungsdepression". Erst nachdem die Hydrolyse der Weizenstärke vorgeschritten und der Zerfall des Stärkekohlehydrates sich vollzogen hat, steigt die Gärungsintensität rapide an.

Die experimentellen Beweise für diese Beobachtung habe ich an anderer Stelle (Monatsschrift f. Kinderheilk. 10. Nr. 6) niedergelegt. Hier will ich nur einige charakteristische Versuchsergebnisse kurz wiedergeben.

Versuchsanordnung.

1,05 Weizenstärke
1,1 Haferstärke
16,6 ccm Malzextraktlösung
} je = 1,0 Dextrose.

Weizen- und Haferstärke werden mit 50 ccm kaltem dest. Wasser versetzt, darauf mit 100 ccm siedendem dest. Wasser verrührt und auf Zimmertemperatur abkühlen gelassen. Dann Zusatz von Milchsäurebacillen oder Filtrat einer Brustkindstuhlaufschwemmung in dest. Wasser. Thermostat. Titration der gebildeten Säuremengen mit N/10 Lauge unter Phenolphthalein als Indikator (4 Tropfen 1 Proz. alkohol. Lösung).

I.

		Acidität n. 12 Stunden:
A.	Weizen und Malzlösung	= 7,4
	Hafer und Malzlösung	= 11,5
B.	Weizen (allein)	= 4,9
	Hafer (allein)	= 7,0
C.	Malzlösung (allein)	= 7,7

Ergebnis:

1. Weizenmehl vergärt schwerer als Malzextrakt; Hafermehl desgleichen, wenn auch die leichtere Abbaufähigkeit dieses Mehles gegenüber Weizen deutlich in Erscheinung tritt.
2. Nach 12 Stunden ist die Acidität der Kombination: Weizen und Malz geringer als die der einfachen Malzlösung, ein Zeichen, daß das schwer vergärbare Weizenmehl die Säurebildung verlangsamt.

II.

A.	Weizen und 50 ccm Milchsäurebacillenaufschw.	= 2,2
	Hafer ,, 50 ,, ,,	= 4,3
B.	Weizen ,, 50 ,, ,, und 16,6 ccm Malzlösung	= 9,0
	Hafer und 100 ccm Milchsäurebacillenaufschw. und 16,6 ccm Malzlösung	= 10,9
C.	16,6 ccm Malzlösung u. 50 ccm Milchsäurebacillenaufschwemmung	= 9,2

Trotzdem die Kombination: Weizenmehl und Malz der doppelten Bakterienmenge ausgesetzt wird, bleibt die Gärungsdepression bestehen.

Die Addition von Weizen zur Malzlösung führt also entgegen der Erwartung nicht zu einer sofortigen Steigerung der Säurebildung. Beim Hafer fehlt die Gärungsdepression meistenteils, was bei der leichten Vergärbarkeit seines Stärkekohlehydrates einleuchtet.

Durch diese Feststellungen glaube ich eine Tatsache aus der Ernährungstherapie des Säuglings befriedigender erklären zu können, als es bisher geschah. Keller[93]) beobachtete bei Zusatz von Malzextrakt zur Milch häufig Diarrhöen, die aber zurückgingen, sobald der Milch-Malzextraktmischung Weizenmehl zugesetzt wurde. Keller glaubte den bei der Stärkehydrolyse entstehenden Kleister für diesen heilsamen Effekt verantwortlich machen zu müssen. Er soll wie eine schützende Schicht sich zwischen die reizenden Gärungssäuren des Malzextraktes und die Dünndarmschleimhaut legen.

Brücke[26]) konnte bei mit Stärke gefütterten Hunden im Magen und Dünndarm keinen Stärkekleister wiederfinden, selbst dann nicht, „wenn noch beträchtliche Mengen unveränderter Stärke vorhanden waren". Das Zwischenstadium der Stärkeverflüssigung ist also ein zu kurzfristiges, um eine Schutzwirkung im Sinne Kellers ausüben zu können.

Die Milch-Malzmischung ist ein ausgezeichneter Nährboden, der die Virulenz der Gärungserreger stark steigert. Das Erscheinen des Weizenmehls im Dünndarm hat nun aber eine Verschiebung in der Tätigkeit der Saccharolyten zur Folge. Diese haben ihren Angriff jetzt nach zwei Seiten zu richten: sie müssen Mehl- und Malzextrakt zugleich abbauen. Das Weizenmehl lenkt also einen Teil der Darmflora vom Malzextrakt ab und fixiert ihn intensiv an sein eigenes, schwer zu verarbeitendes Stärkekohlehydrat. Das gleiche gilt auch für den Enzymstrom, der ebenfalls genötigt wird, nach zwei Richtungen hin sich zu teilen. Als Ergebnis resultiert dann eine anfängliche Depression, eine Dämpfung der Gärungsprozesse. Es treten jetzt nicht mehr wie vorher die massenhaften Zuckerabbauprodukte auf.

Rietschel[156]) äußert vom klinischen Standpunkte aus eine ähnliche Auffassung: „Das Mehl hat wohl außerdem noch den Vorteil, daß es die rasche Vergärung, der Zucker — besonders Rohrzucker — verfällt, hintanhält."

Die Bedeutung des Mehles für die Darmflora ist bis jetzt noch nicht systematisch untersucht worden. Reine Mehllösungen begünstigen nach Sittler[186]) das Auftreten einer Bifidusflora. Präparierten Kindermehlen geht diese bedeutsame Fähigkeit mehr oder minder ab. Nach Strasburger[179]) soll die normale Darmflora Dextrin nicht vergären können. Überhaupt sind — nach Fuhrmann[59]) — diastasierende Fermente bei Darmbakterien selten. Auch Pfaundler[148]) fand, daß Bact. coli weder bei Sauerstoffzutritt noch -Abschluß lösliche Stärke nennenswert zersetzte.

Und doch ist es nicht ausgeschlossen, daß die Mehle selbst in den kleinen Mengen, die man Säuglingen zu geben pflegt, eine noch nicht zu übersehende biologische Bedeutung für die Darmflora haben.

Klinisch spricht manches für diese Annahme. Schon Gregor[63]) berichtete über die auffallende Ähnlichkeit des bakterioskopischen Stuhlbildes bei Malzsuppen- und Brustkindern. In beiden Fällen das Überwiegen der bekannten grampositiven Flora. Es scheint sehr die Frage, ob dem Malzextrakt diese Fähigkeit als Bifiduswecker zukommt. Denn bei Milch-Malzextrakt kommt es meist nicht zu dieser Flora. Und Maltose erzeugt einen keineswegs bakterienreichen Stuhl, ja Usuki[198]) sah bei Verwendung reiner Maltose Seifenstuhl. Es hat also die Annahme Wahrscheinlichkeit, daß dem Weizenmehl dieser eigentümliche Effekt zukommt. Dafür würde ferner sprechen, daß man bei reichlicher Milchzuckerzufuhr zur Milch häufig eine Bifidusflora findet. Die Analogie zwischen dem relativ schwer abbaubaren Weizenstärkekohlehydrat und dem gleichfalls schwer resorbierbaren Milchzucker liegt auf der Hand.

Für die Annahme einer ätiologischen Beziehung der Darmflora zum Krankheitsbild des Mehlnährschadens liegt bisher kein Grund vor. Der Mehlnährschaden ist eine eigenartige Erscheinungsform protrahierter einseitiger und unzureichender Ernährung.

Die Pastositas des Säuglings mit Mehlnährschaden beruht wahrscheinlich auf der Bilduug eines sehr wasserreichen eigentümlichen Fettgewebes. Es ist aus der Tierphysiologie her bekannt, daß es selbst bei völligem Fehlen von Eiweiß in der Nahrung bei einer kohlehydratreichen Nahrung zur Fettmast kommen kann.

Für die Vermutung von Hößlins[83]), daß das „ganze Bild des Mehlnährschadens auf eine noch nicht genügende Adaption für Stärkeverdauung hinweist“, liegen gar keine Beweisgründe vor. Daß gelegentlich freie Stärke bei manchen im übrigen gut gedeihenden Kindern im Stuhl unverändert wiedererscheint und Ähnliches sich häufig bei Säuglingen findet, ist ebenso wohlbekannt, wie die Tatsache, daß schon Säuglinge der ersten Lebenstage Stärke zu verdauen vermögen.

Naturgemäß findet man beim Mehlnährschaden eine exquisit saccharolytische Darmflora. Die Sektionen decken häufig Fettlebern auf. Wo dieselbe nicht als Folge gleichzeitig vorhandener infektiöser Prozesse anzusehen ist, spricht sie für die ausschließliche Verwertung des Kohlehydrates auf anhepatischem Wege. Die Leber ist glykogenarm und füllt sich mit Fett, das der Körper aus seinen Depots einschmilzt. Sind diese Fettdepots erschöpft, dann kann es auch nicht mehr zur Fettinfiltration der Leber kommen.

Beim Mehlnährschaden reicht natürlich das eingeführte Eiweiß zur Deckung des Stickstoffbedarfes nicht aus. Immerhin wird der Säuglingsorganismus auch hier versuchen, seinen Energiebedarf in erster Linie mit dem reichlich zugeführten Kohlehydrat zu decken.

Nach Voit und seinen Schülern verbrennt der Körper zunächst verabreichte Kohlehydrate vollständig und zieht erst, wenn sie zur Deckung des Bedarfes an Energie nicht ausreichen, Fett in die Oxydationsprozesse hinein. O. Müller*) veröffentlichte dagegen aus dem Zuntzschen Laboratorium eine Studie, in der er feststellte, daß bei Verabreichung großer Kohlehydratmengen nach einer Hungerperiode der größte Teil der Kohlehydrate als Glykogen aufgespeichert und dafür Fett verbraucht wird.

Häufig ist auch die Fettzufuhr — begründet durch die regionäre Gepflogenheit, die Mehl- bzw. Schleimabkochung mit Butter zu versetzen — nicht unbedeutend. Die Stickstoffabgabe wird also von dem Bestand des Körpers an Fettgewebe abhängen, genau wie ein fettarmer Hund mehr Harnstickstoff ausscheidet als ein fettreicher.

Die Hypothese Rietschels[156]), „ob nicht das Mehl oder der Zucker die Antipoden zum Fett darstellen und ebenso wie das Fett spezifische Störungen im Stoffwechsel hervorrufen können", scheint mir vorläufig nicht wahrscheinlich. Ich will allerdings dahingestellt sein lassen, ob nicht der Körperzustand des Säuglings mit Mehlnährschaden die Verdauungsfähigkeit für Mehl sowohl wie Eiweiß und Fett herabsetzt. Es ist aus der Tierphysiologie her bekannt, daß Stickstoffhunger die Rohfaserausnutzung bedeutend vermindert. „Ein Kaninchen, das im N-Gleichgewicht 57,64 Proz. Rohfaser verdaute, nutzte im N-Hunger nur 34,29 Proz. aus (Knieriem[100]).

Nach Sittler[186]) überwiegen in der Stuhlflora des Mehlnährschadens Bact. coli, Bact. lact. aerogenes und der Enterococcus. Die Folgen der Mehlschädigungen sollen „zum Teile mit auf die Tätigkeit der abnormen, hier vorkommenden Darmflora zu setzen" sein — eine Auffassung, die der Begründung entbehrt, ebenso wie die „eventuelle Mitwirkung der Darmflora" bei der Pathogenese des Mehlnährschadens abgelehnt werden muß.

Ähnliche Auffassungen treten in dem jüngst erschienenen Aufsatz von Kohlbrugge[102]) über Gärungskrankheiten zutage. Nach der Ansicht dieses Autors soll einseitige stärkehaltige oder an Kohlehydraten reiche Nahrung — und zwar je mehr leicht vergärbare und lösliche Stärke sie enthält, um so schneller — gärungserregenden Mikroorganismen Gelegenheit zur Ansiedelung im Darm geben, wodurch die normale Flora verdrängt und die Autosterilisation aufgehoben wird. Diese Mikroben rufen Gärungskrankheiten hervor, wie Barlowsche Krankheit, Cholera nostras, Skorbut der Erwachsenen, Aphthae tropicae, Beriberi usw. Die Gärungsprodukte sind vermutlich nicht schuld an diesen Gärungskrankheiten. Einer dieser Mikroben, der „Bacillus oryzae, der Reisstärke vergärende Aerobier", ist ubiquitär und eingehend von Kohlbrugge studiert worden. Er gehört zu einer Gruppe, die viele, schwer trennbare Varietäten hat und scheint der Familie der Essigsäurebildner ähnlich oder verwandt zu sein. Die Entwickelung dieser Bakterien im Darm geht nur dann ungestört vor sich, wenn eine einseitige, säurearme Nahrung ihr Wachstum nicht hemmt. Sie kommen in allen Cerealien vor.

---

*) O. Müller, Über die Verdauungsarbeit nach Kohlehydratnahrung usw. Berlin 1910.

Entwicklungshemmend wirken alle Nahrungsmittel, die freie Säure enthalten oder starke Gärungssäuren im Darm frei werden lassen.

Biologisch scheinen diese Mikroorganismen sich den Infektionserregern ähnlich zu verhalten. Denn sie werden schädigend „nur bei örtlich entstandener Virulenz" oder „bei ihnen sonst weniger zusagendem Nährboden im Darm".

Kohlbrugge will in Konsequenz dieser Gedankengänge bei Sommerdiarrhöe von Säuglingen und Erwachsenen gute Heilerfolge erzielt haben: durch rohe, verdünnte Milch, Zitronensaft, Salzsäure bei Säuglingen, durch dieselbe Diät unter Zugabe von Früchten, „sauren Gurken" (?) bei Erwachsenen. Todesfälle hat er bei dieser Therapie — der Gemüse-, Frucht- und Rohmilchdiät — nicht gesehen.

Der Pädiater erinnert sich bei diesen stark ins Hypothetische gehenden Ausführungen eines ähnlichen Gedankens, den Schloßmann[176]) einst ausgesprochen hat: der Mehlzersetzungsintoxikation. Er sagte damals: „Ich kann mich des Eindruckes nicht erwehren, daß Zersetzungsprodukte des Mehles ebenso schwere Folgeerscheinungen nach sich ziehen können, wie die des Eiweißes." „Ich glaube auch nicht, daß der Milchzucker der Nahrung allein imstande ist, derartige schwere Gärungsdurchfälle herbeizuführen" . . . Schloßmann gab verdünnte Sahne als Nahrung und sah bei dieser Diät rasche Besserung.

Ich erinnere bei dieser Therapie an das von Rubner behauptete stark gärungswidrige Vermögen des Fettes.

In der Klinik hat die Mehlzersetzungsintoxikation sich kein Bürgerrecht verschaffen können und hat dem Mehlnährschaden Czernys Platz gemacht. Aber gegenüber den Ausführungen Kohlbrugges verdient diese Reminiszenz aus der Pädiatrie hervorgehoben zu werden.

Schloßmann[176]) beobachtete bei seinen Vergärungsversuchen von Amylum-Bouillonlösungen durch Fäcesbakterien, Reinkulturen von Bac. lactis aerogenes und Bac. coli regelmäßig Auftreten von großen Mengen freien Stickstoffs: „Nitrolyse"*). König, Spieckermann und Ohlig (zitiert nach Kruse[106]) fanden gleichfalls, daß Heubacillen freien Stickstoff auf organischen Nährböden erzeugen konnten (1903). Die Autoren machten durch diese Feststellung Opposition gegen die allgemeine Anschauung, daß bei der Darmfäulnis und Gärung kein elementarer Stickstoff frei werde. Schittenhelm und Schröter[175]) traten später ebenfalls mit ähnlichen Angaben auf.

Es hatte also den Anschein, als ob die Lehrmeinung, daß die Stickstoffabspaltung aus Nitraten in den Darmfäulnisprodukten durch denitrifizierende Darmbakterien die einzige Quelle der Stickstoffgärung sei, auf irriger Basis beruhte.

Durch Oppenheimer[140]) scheint nun aber die Streitfrage entschieden zu sein. Er wies erstens nach, daß die Befunde Schittenhelms über die Stickstoffgärung durch Fäulnisbakterien auf Versuchsfehlern beruhten.

---

*) Mir scheint die Bezeichnung Kruses „Stickstoffgärung" treffender zu sein. Vergleiche hierzu ferner die Kritik Quests im Jahrb. f. Kinderheilk. 1904.

Auf Grund eigener Versuche kam er dann zu dem Ergebnis, „daß auch der Darm der Pflanzenfresser bei gewöhnlicher Kost ein Gas liefert, das frei von Stickstoff ist". Da bei Fleischfressern eine nennenswerte Darmgärung überhaupt nicht vorhanden ist, so erübrigen sich nach Oppenheimers Ansicht entsprechende weitere Versuche. Oppenheimer bestätigt ferner die Tatsache, daß im Darm der Pflanzenfresser denitrifizierende Bakterien vorkommen, die etwaige in der Nahrung enthaltene Nitrite zersetzen und aus ihnen Stickstoff in Freiheit setzen.

Diese Bakterien kommen im Kot der Herbivoren vor, sollen jedoch im Darm anderer Tiere nicht vegetieren. Sie sind übrigens nach Kruse allesamt „unfähig, Kohlehydrate zu vergären". Der von ihnen gelieferte Gärungsstickstoff entstammt also nativen Nitriten der Nahrung oder Nitraten, die im Darm zu Nitriten reduziert worden sind, wozu ja die meisten Darmbakterien befähigt sind. Auch die bei saurer Reaktion vor sich gehende „saure" Stickstoffgärung, die „indirekte Denitrifikation", für die der Mehlnährboden und die Anwesenheit von Säurebildnern gute Vorbedingungen abgäben, kommt eben wegen Mangel an Nitriten nicht in Betracht. Im übrigen führt ein Eingehen auf diese komplizierten Verhältnisse zu weit von meinem Thema ab. Aus allem folgt, daß dieser Gärungsstickstoff für den menschlichen Organismus, falls er hier überhaupt gebildet wird, gar keine Bedeutung hat. **Es handelt sich hier nicht um metabolisch entstandenen und demgemäß für den Stoffhaushalt bedeutungsvollen Stickstoff.**

Leicht oxydierbare Stoffe begünstigen nach Kruse die Stickstoffgärung, doch spielt hierbei das Wahlvermögen der nitrolytischen Bakterien eine große Rolle. Schon die tief aufgespaltenen Kohlehydrate verhalten sich in dieser Beziehung recht schwankend. Es ist daher erst recht die Frage, ob die schwer vergärbaren Mehle als leicht oxydierbare Stoffe im Sinne Kruses gelten können.

Die Darmgase sind nach Moro[136]) insofern von Bedeutung, als die Durchmischung des Chymus mit Gasbläschen einen leichteren Transport gewährleistet und die Entfaltung der Darmschlingen durch Gas zu einer Vergrößerung der resorbierenden Schleimhautoberfläche beiträgt.

Endlich stellt derselbe Autor auch Betrachtungen darüber an, daß die Füllung der Darmschlingen mit Gasen für die Topographie der Abdominalorgane wichtig sei. „Man kann sich wohl leicht vorstellen, daß ein gasleerer Darm eine Störung in der natürlichen Lage der Bauchorgane zur Folge haben könnte. Der gasgefüllte Darm bildet hingegen für die Baucheingeweide ein weiches Polster, und es hat den Anschein, daß der in einem bestimmten Verhältnis zueinander stehende Gasabgang mit der Bildung neuer Gase die intestinale Statik regulatorisch beeinflußt." „Es ist möglich, daß durch die Gasfüllung der Darmschlingen ihre Beweglichkeit und Verschieblichkeit erleichtert wird."

Während die Qualität der Magengase von der Ernährung unabhängig ist, gilt das nicht für die Gase des Darmtraktus. Soweit die spärliche Literatur Schlüsse erlaubt, scheinen Wasserstoff- und Stickstoffquantität in den Darmgasen eine Gesetzmäßigkeit zu beobachten. Mit steigender Menge des einen Gases sinkt diejenige des anderen. Große H-Mengen liefert kohlehydratreiche Ernährung (Quest[152]); demgemäß findet sich also wenig „Gärungsstickstoff". Bei reiner Mehlkost sind die Darmgase bisher noch nicht analysiert worden.

Es ist bekannt, daß die Gegenwart von Salzen in den Nährböden das Wachstum der Bakterien eminent beeinflußt und ihre biologischen Leistungen eingreifend umzugestalten vermag. In den Betrachtungen am Schluß dieser Arbeit bin ich auf diese Seite der Biologie der Darmflora näher eingegangen.

Auch die Frage: „Warum vertragen Brustkinder im allgemeinen eher amylaceenhaltige Beikost als Flaschenkinder?" findet dort ihre Besprechung.

Endlich verweise ich noch auf einen letzten, ebenfalls im Schlußkapitel abgehandelten, mir beachtenswert erscheinenden Punkt: die möglicherweise spezifische*) Bedeutung der Mehle für die Gestaltung und Funktion der Säuglingsdarmflora, dergestalt, daß eine Allergie des Körpers in bezug auf den Ablauf der Verdauung und Assimilation der Nahrung bewirkt wird.

C. Gärungsprodukte. Cellulose.

Gärungsprodukte.

Die Tatsache, daß in der Stuhlflora des Brustkindes — also dem physiologischen Paradigma — die Gärungserreger überwiegen, ja daß die drei Haupttypen der Bakterienflora des natürlich genährten Säuglings: Bact. coli, Bact. lact. aerogenes (Escherich) = Bact. ac. lactici (Hüppe) und Bacillus bifidus Säurebildner, Gärungserreger sind, mußte einen Fingerzeig abgeben, daß die Rolle der Gärungssäuren nicht allein mit den subalternen Beziehungen zur Peristaltik erschöpft sein konnte. In der Flora des künstlich genährten Säuglings überwiegen die Gärungsbildner bei weitem nicht in diesem Maße; sobald jedoch im Nährsubstrat die Kohlehydrate vorherrschen, werden die Proteolyten energisch zurückgedrängt. Die Untersuchungen über die saure Reaktion der Nahrung, über die Bedeutung der Milchsäure für den organischen und anorganischen Stoffwechsel bestätigten die Vermutung Czernys, daß zwischen saurer Gärung der Nahrung und Stoffumsatz tiefere und wichtigere Wechselbeziehungen bestanden als man bisher annahm. Die Bedeutung der Gärungssäuren wurde in ein neues Licht gesetzt, und es wurde von diesem Gesichtspunkte aus das Mehlproblem wieder aktuell, denn die Ergebnisse neuerer Forschungen zeigten, daß der Abbau der Amylaceen je nach dem Artcharakter des Amylums mehr oder minder stark zu nicht reduzierenden Körpern führte, d. h. auf dem Wege der Vergärung von statten geht.

*) Von einer „spezifischen" Mehlwirkung zu sprechen ist gestattet, wenn wir uns an die Verhältnisse bei Diabetes erinnern.

Den Anteil der Bakterien an der Amylolyse und Vergärung habe ich schon besprochen. Es erübrigt jetzt noch, die **Gärungsprodukte** ins Auge zu fassen.

Schloßmann[176]) fand, daß Bact. lact. aerogenes von einer $^1/_2$ proz. Kleisterlösung aerob 57,4 Proz., anaerob aber 88,7 Proz. zersetzte. Fast $^9/_{10}$ des Kohlehydratgehaltes waren in 72 Stunden zerlegt. Schloßmann konnte in keiner Phase seiner Mehlzersetzungsversuche Zucker nachweisen. Es entstehen vielmehr durch die Tätigkeit der Gärungserreger des Säuglingsdarms organische Säuren, wie Essigsäure, Buttersäure, Propionsäure usw.

Die Spaltungsgärungen der hydrolysierten Amylaceen bewegen sich in ganz verschiedenen Richtungen als milchsaure, essigsaure, buttersaure, alkoholische und Methangärung, fast immer kombiniert außerdem mit ameisensauren, propionsauren, bernsteinsauren Gärungsprozessen und der Bildung von Wasserstoff. Welche Faktoren dies komplizierte Getriebe regulieren, ist unbekannt. Eine planvolle Einwirkung auf die Darmgärung nach dieser oder jener Richtung hin ist uns bisher versagt.

Es ist nicht unmöglich, daß beim Mehlabbau die Bildung von Alkohol eine größere Rolle spielt als bei dem Abbau der Mono- und Disaccharide, wenngleich hierüber noch keine Untersuchungen vorliegen. Beijerinck[10]) will bei der Mehlgärung durch den Amylobakter butylicus Butyl- und Propylalkohol gefunden haben, Bredermann besonders bei der Vergärung von Weizenkleie und Weizenmehl, nicht dagegen bei Milch und Dextrose (zitiert nach Kruse[106]).

Allerdings geben die Autoren die Möglichkeit zu, den Alkohol auch aus anderer Quelle, den Aminosäuren, herleiten zu können. De Groot[65]) fand ebenfalls Alkohol und Aldehyd von den Darmbakterien gebildet, und zwar nur aus Kohlehydraten, nicht aus Eiweiß und Rohfaser.

Weizenbrot enthält immer Alkohol. Die hohen Werte, die Balas[6]) angab — 0,2 bis 0,4 Proz. — wurden von Pohl[150]) nachgeprüft und auf 0,0744 g für 100 g Sauerteigweizenbrot und 0,0547 für 100 g Preßhefeweizenbrot reduziert.

Über die Qualität der Gärungssäuren läßt sich bis heute wenig Bestimmtes aussagen. Schon bezüglich der Milchsäurebildung im Magen liegt ein Chaos von Befunden vor, und mit der Darmgärung, die noch schwieriger studierbar ist als jene, verhält es sich ähnlich. Nach Nencki und Sieber[123]) ist der Chymus im ganzen Dünndarm sauer. Die Ursache der sauren Reaktion ist unzweifelhaft in der Anwesenheit organischer Säuren zu suchen, die sich aus der Mehlzersetzung herleiten. Wieviel Mehl vergärt wird, hängt von der Virulenz der Darmflora und ihrer Zusammensetzung ab.

Ich habe in meiner Arbeit: „Milchsäure und Säuglingsstoffwechsel" die einschlägige Literatur zusammengestellt und muß auf das Referat über dieses wenig erquickliche Kapitel unserer „Kenntnisse" verweisen.

Exakt nachgewiesen ist für den Säugling weder milchsaure noch andersartige Darmgärung. Aber um indirekte Beweise sind wir nicht

verlegen, und der heuristische Wert der Gärungshypothese ist von allen Theorien für die Pädiatrie vielleicht der fruchtbarste und segensreichste gewesen. Ganze Kapitel aus der Lehre von der Ernährungstherapie gesunder und kranker Säuglinge ruhen auf dieser Grundlage.

Beim normalen Mehlabbau treten Gärungssäuren auf, aber Qualität und Menge ist unbekannt. In der Hauptsache dürften organische Säuren vom Typ der Milchsäure usw. in Betracht kommen. Strasburger[179]) vertritt die gleiche Meinung. Auch Kohlbrugge[101]) glaubt, daß essig- und buttersaure Gärung viel seltener sind, desgl. die Bildung von Alkohol. Kellner[95, 96]) fand gleichfalls nach Verfütterung von Disacchariden Milchsäure im Darm. Dagegen entscheidet sich Baginsky (zitiert nach Czerny-Keller), wie auch Nencki und Sieber[123]) für die Essigsäure als Hauptprodukt der Gärung. Das Bact. lact. aerogenes soll besonders acetophil sein. Hedenius[72]) fand — ohne sich genauer über den Charakter der Säure auszusprechen — hohe Säurezahlen bei Titration der Fäces und nimmt an, daß die Gärungsprozesse bei mit Kohlehydraten genährten Säuglingen sehr hochgradig gewesen sein müssen. Beim Hafer habe ich per exclusionem angenommen, daß Kohlehydratsäuren: Glykonsäure, Glykosamin, Zuckersäure das Hauptprodukt der Darmgärung bilden, weil nur so die günstige Wirkung bei Diabetes zu erklären ist. Ein solcher Abbau wird von Rosenfeld auch für die Dextrose angenommen, wenn sie parenteral zugeführt wird, und die Physiologen[159]) anerkennen den bakteriellen Abbaumodus von Kohlehydraten im oben von mir angenommenen Sinne.

Daß die Gärungssäuren als Nährstoffe betrachtet im Rufe einer gewissen Minderwertigkeit stehen, ist bekannt. Am günstigsten liegen noch die Verhältnisse bei der Milchsäure. v. Mering und Zuntz (zitiert nach Kellner) wiesen nach, daß sie den Sauerstoffverbrauch nicht steigerte, während dies bei der Essigsäure und Buttersäure der Fall war. Essigsaures Natron erhöhte, einem Kaninchen infundiert, den Sauerstoffverbrauch um 10—18 Proz. Essigsäure ist zwar nach Weiske[207]) nicht eiweißsparend, kann aber, wie Mallèvre[125]) nachgewiesen hat, N-freies Material (Fett) am Hungertier vor der Oxydation schützen. Sie hat also einen relativen Nährwert.

Besser liegen die Verhältnisse bei der Milchsäure. „Die Beigabe von 60 g Milchsäure hatte einen nicht unwesentlichen Eiweißansatz am Körper bewirkt und zwar dadurch, daß sie den Stickstoffumsatz verminderte“ (Weiske)*). Eine Steigerung der Milchsäurebeigabe führte keine stärkere Eiweißmast herbei, sondern bewirkte eher eine Verminderung der N-Retention. Ganz ähnlich wie die 60 g Milchsäure wirkten 60 g Dextrose.

Im Gegensatz dazu wirkten 60 g Essigsäure (gleichfalls als Salz gegeben) nicht eiweißsparend. Also ein wichtiger Unterschied. (Stoffwechselversuche am Tier von Weiske und Flechsig[209]). Ein Hammel wurde von Kellner[95, 96]) mit Maisschrot und Kochsalz gefüttert und

---

*) Zit. nach Kellner[95]).

setzte 9,4 Eiweiß und 103,1 Fett an. Nach Zulage von 36,0 Milchsäure + 15,0 Ca. lact. setzte er 15,5 Eiweiß und 104,2 Fett an. Also ein geringer, aber doch unverkennbar günstiger Einfluß der Milchsäure. Freilich können wir bei Herbivoren, bei deren Verdauung die Gärungsprozesse so vorwiegen, keine derartigen Ausschläge erwarten wie beim erwachsenen Omnivoren, bei dem die Gärungsprozesse sich in bescheidenen Grenzen halten. Ich habe nachgewiesen, daß geringe Gaben Milchsäure, per os verabfolgt, den gesamten Stoffwechsel insofern beeinflußten, als die organischen wie anorganischen Nahrungskomponenten höhere Retentionszahlen aufwiesen. Erst wenn die Säurezufuhr zu einer Höhe gesteigert wurde, wie sie allerdings innerhalb des Organismus normalerweise niemals zu erwarten ist, trat ein vollkommener Umschlag in der tonisierenden Wirkung ein.

Die organischen Säuren werden also, soweit sie nicht zur Schlackenbildung führen, in allerdings uns leider noch völlig rätselhafter Weise, im Stoffwechsel verwendet.

Ähnlich wie die Essigsäure verhält sich Buttersäure. Auch Natr. butyr. spart Körperfett, aber auch nicht entsprechend dem Wärmewert seiner völligen Verbrennung. Der O-Verbrauch steigt um 7—8 Proz. Immerhin nimmt Munk (zitiert nach Kellner[95]) für die Buttersäure günstigere Nutzungswerte an als für die Essigsäure; es gelang ihm nach Infundierung von Natr. butyr. nur „Spuren“ im Harn aufzufinden. Andererseits berichtet auch Weiske, daß er von per os verabfolgtem essigsaurem Natron nichts im Harn nachweisen konnte. Doch sind in der Literatur auch gegenteilige Befunde niedergelegt.

Wie groß im allgemeinen die Quantität der gebildeten verschiedenen Gärungssäuren ist, hängt von zu vielen Faktoren ab, um eine Schätzung zu erlauben. Macfadyen, Nencki und Sieber[123]) stellten beim Erwachsenen, bei dem bekanntlich die Darmgärung keine große Rolle spielt, aus 2 Kilo Darminhalt 1,5 g flüchtige Fettsäuren dar, die fast nur aus Essigsäure bestanden. Über die Quantität der Gärungssäuren gibt ein Versuch von Lehmann[115]) Auskunft. Dieser Autor ließ den Duodenalinhalt von Pferden in Alkohol einfließen und erhielt hierbei massenhaft milchsauren Kalk (zit. nach Maly in Hermann, Handbuch d. Physiol. 5. 2).

Im wesentlichen ist also die Milchsäure als die normale Säure des Kinderstuhles zu betrachten*). Da Milchsäure im Gegensatz zu allen anderen homologen organischen Säuren den Darm sehr wenig reizt, ist es nach Strasburger sehr zweckmäßig, daß beim Säugling die Milchsäuregärung vorwiegt.

Mit der Anschauung, daß diese Säuren nur Abfallprodukte darstellen, müssen wir brechen.

Wir haben gesehen, daß die Gärungssäuren, nach dem Gesetz der Isodynamie betrachtet, zwar minderwertig, aber keineswegs völlig nutzlos im Körper entstehen und verbrannt werden.

---

*) Schmidt-Strasburger, Die Fäces des Menschen. 1905. S. 207.

Beim Pflanzenfresser sind die Energieverluste durch die Summation aller Gärungsprozesse allerdings ganz enorm. So beträgt z. B. für Stärkemehl der Energieverlust nach Kellner 43,6 Proz., für Rohrzucker gar 54,8 Proz. Namentlich der für die Darmmikroben leicht angreifbare Rohrzucker schneidet ganz erstaunlich schlecht ab. Beim Menschen freilich wird die Einbuße nicht so groß sein.

Nun kann zwar der Nutzungswert eines speziellen Stoffes gering, ja schlechter als derjenige sein, den er ersetzt, und dennoch kann er mittelbar in Wechselbeziehungen zum Stoffwechsel treten, die von höchster Wichtigkeit sind.

Ich verweise hier auf den hochinteressanten Antagonismus von Milchfett und Lebertran. Die Nutzungswerte beider Stoffe sind von belangloser Differenz. Während aber das Milchfett gegebenenfalls zur negativen Kalkbilanz führt, sistiert unter Lebertran der Kalkverlust und resultiert schließlich eine positive Bilanz.

Usuki[128]) weist ebenfalls darauf hin, „daß die Ausnutzungsgröße eines Nahrungsbestandteiles nicht immer der richtige Maßstab für seine Zweckmäßigkeit ist". Denn er fand Milch + Maltose besser ausgenutzt als Milch + Malzextrakt. Dagegen blieben die Seifenstühle des Säuglings mit Milchnährschaden bei der ersten Kombination unbeeinflußt, während der therapeutische Erfolg von Malzextraktzulage ja bekannt ist.

Die Verluste durch Gärungen sind also nur scheinbare. Was die Methanbildung anbelangt, so ist hier eine Einbuße an Nährwert allerdings sichergestellt. Von je 100,0 Stärkemehl und Rohrzucker entstehen nach Kellner[95]) bei der Verdauung 3,17 bzw. 2,84 Methan. Es gehen beim Stärkemehl somit 10,1 Proz., beim Rohrzucker 9,6 Proz. potentielle Energie verloren, wenn 1,0 Methan zu 13334 kl. Kalorien gerechnet wird. An nutzbarer Energie repräsentiert somit die Stärke 3761 Kal. = 89,9 Proz., der Rohrzucker 3576 Kal. = 90,4 Proz.

An dieser Stelle sei in Kürze auf die Verwertung der den Amylaceen ja sehr nahe verwandten **Cellulose** eingegangen, die in Gestalt von Gemüse auch in der Säuglingsernährung viel verwendet wird.

Man hat noch vor kurzem jeden Nährwert der Cellulose für den Menschen geleugnet. Diese Ansicht ist heute nicht mehr aufrecht zu erhalten. Die außerordentlich schwere Aufspaltbarkeit des Cellulosekohlehydrates ist bekannt. Für den Hund beispielsweise ist Cellulose völlig unverdaulich [174]). Nicht jedoch für den Menschen. Der menschliche Organismus vermag Cellulose zu verwerten, aber in individuell verschiedenem Grade. Auch sind die einzelnen cellulosehaltigen Nahrungsmittel ganz außerordentlich verschieden hinsichtlich der Verdaulichkeit; es gibt harte Rohfaser (Kohlrabi) und zarte Rohfaser (Salat, Spinat).

Die Resorption und Assimilation der Cerealien und Gemüse geht quantitativ und qualitativ verschiedenartige Wege, je nach der Form, in der sie dem Organismus einverleibt werden.

Bei sehr schwer aufspaltbaren Kohlehydraten, z. B. Kartoffelstärkezellencellulose ist oft der Kochprozeß noch unzureichend — die Cellulosehüllen werden nicht gesprengt — um eine einigermaßen gute Assimilation zu erreichen. Hier muß noch vor allem die mechaniche Zerkleinerung zu Hilfe kommen und neuerdings nach A. Schmidt[180]) durch chemische Einflüsse das verbarrikadierte Kohlehydrat mürbe gemacht werden.

Schmidt[180]) konnte den Zerfall von Gemüse dadurch erreichen, daß er die Gemüsestückchen — Kartoffeln, Rüben — erst in dünne Salzsäure, dann in Sodalösung gab. Auf diese Weise — aber nicht bei umgekehrter Manipulation — konnten isolierte Kartoffelzellen erhalten werden.

Er mißt daher den chemischen Komponenten bei der Celluloselösung eine größere Bedeutung bei, als der Lösung durch die Bakterien bzw. das noch nicht gefundene, hypothetische Celluloseferment, die Cellulase.

Die Resultate waren die gleichen bei Verwendung von Magensaft mit normalem Salzsäuregehalt und alkalischer Pankreatinlösung einerseits, Salzsäure- und Sodalösung andererseits. Die Fermente spielen also hierbei keine wesentliche Rolle. Den Mechanismus dieser chemischen Einwirkung hat man sich nach v. Hößlin[34]) so vorzustellen, daß die Mittellamelle, aus Pektin bestehend, gelöst wird. Die Salzsäure löst den pektinsauren Kalk, wodurch die Pektinsäuren in Freiheit gesetzt werden. Möglicherweise werden auch die Hemicellulosen gelöst, die gegenüber Salzsäure wenig resistent sind.

Reine Cellulose wird weder von HCl und Natriumcarbonat noch von Magen- und Pankreassaft angegriffen (v. Hößlin).

Eine normale Salzsäuresekretion ist also zweifellos von Bedeutung für den Abbau von Gemüse. Bei Subacidität fand man Karotten wenig verändert im Stuhl wieder. Die Möhrenpartikelchen waren dagegen destruiert, glasig, weich, bei normaler Magenverdauung. Ganz ähnlich ist der Effekt bei der Kartoffelstärke.

Nun ist aber in einer Hinsicht scharf zu unterscheiden zwischen Rohfaser und Stärke. Anacide Zustände setzen die Rohfaserverdauung herab wie oben geschildert wurde. Nicht dagegen diejenige der Stärke. Anacidität begünstigt erwiesenermaßen die Stärkeausnützung, wobei sich zwischen Kartoffel-, Weizen-, Haferstärke die schon bekannte Differenz der Skala zeigt. Der Grund hierfür liegt nach allgemeiner Anschauung darin, daß herabgesetzte Magensalzsäure eine langdauernde Ptyalinwirkung gestattet. **Ebensosehr kommt aber nach meiner Auffassung die Herabsetzung der baktericiden Wirkung der HCl in Betracht; die per os eingeführten Bakterien werden in ihrer Vermehrung weniger behindert.**

Superacidität beeinträchtigt dagegen die Stärkeausnützung.

Hecht[70]) fand im Stuhl von Säuglingen, an welche Karrottenpüree verfüttert war, den roten Farbstoff der Karotten wieder, aber nicht in kristallinischer Form wie in der frischen Pflanze, sondern gekörnt.

Beim Erwachsenen ist das Celluloseproblem öfters studiert worden, und die Frage steht so, daß ein Ausnützungswert von 44,5—67,5 Proz. (Lohrisch[119,120]) angenommen wird.

Neben der chemischen Zerkleinerung hat sicherlich die physikalische Vorbehandlung eine ebenso hohe, vollkommen ebenbürtige Bedeutung. Das geht aus Versuchsergebnissen gerade der Hallenser Klinik hervor. Baumgarten und Grund, welche Weizen-, Hafer- und Kartoffelstärke teils kurmäßig, teils bei Zulage zu gemischter Kost verabreichten, fanden folgende Stärkeverluste durch den Kot:

	Kurmäßig verabreicht	Als Zulage verabreicht
Haferstärke	0,5—0,67 Proz.	0,7 —0,94 Proz.
Weizenstärke	0,66 ,,	0,41—1,1 ,,
Kartoffelstärke	0,44 ,,	0,41 ,,

Das sind ideale Ausnutzungswerte.

Fofanow, welcher dieselben Stärkearten, aber roh, verabfolgte, kam zu folgenden Verlusten (die in Wirklichkeit infolge eines Rechenfehlers noch höher ausfallen):

Haferstärke	2,4 Proz.
Weizenstärke	2,6— 4,3 ,,
Kartoffelstärke	10,08—10,24 ,,

Hieraus erhellt erstens die schwerere Verdaulichkeit der Kartoffelstärke an und für sich, ferner geht zur Evidenz daraus hervor, daß vorheriges Kochen, wie bei Baumgarten und Grund, die Artunterschiede der drei Stärken völlig vernichtet, daß dagegen bei roh verabreichter Stärke der Magen-Darmchemismus außerstande ist, die Ausnützungsdifferenzen zwischen Hafer-, Weizen- und Kartoffelstärke, die durch die physikalische Eigenart des Amylums bedingt wird, zu nivellieren.

Also auch hier zeigt sich die uns immer wieder und wieder begegnende Tatsache der außerordentlichen Wichtigkeit entsprechender physikalischer Vorbehandlung und der Anwesenheit von Katalysatoren für die Ausnützung der Amylaceen.

Auf die Bedeutung dieser beiden Faktoren für die Pathologie der Ernährung komme ich später zu sprechen. Es wäre ein Trugschluß, aus diesen Versuchsresultaten nun unterschiedslos und schablonenhaft eine möglichst weitgehende Aufschließung der Amylaceen als eine Forderung rationeller Ernährung zu verlangen.

Daß für den Abbau der Rohfaser in erster Linie die Darmflora in Betracht kommt, darf als ausgemacht gelten. **Im Gegensatz zu der Anwesenheit von amylolytischen Enzymen, Proteasen und anderen Enzymen, sind in den Getreidekörnern und Mehlen keine Cellulasen vorhanden** (Scheunert und Grimmer, Zeitschr. f. phys. Chem. 48). Es ist bisher zwar nicht gelungen, eine Cellulase beim Menschen zu isolieren oder celluloselösende Darmbakterien zu züchten; dagegen spricht die richtige Deutung der Befunde von Ellenberger und Hofmeister[42]), Holdefleiß[82]), Scheunert[174]) und Hößlin (zitiert nach Cramer und v. Hösslin) für eine bakterielle Cytase. **Ohne Bakterien keine vollständige Celluloselösung beim Menschen.**

Ob die Cellulose ohne Bakterien nicht ausgenützt werden kann, diese alte Streitfrage ließe sich mit Hilfe der von Nuttal, Thierfelder und Schottelius eingeschlagenen experimentellen Methodik lösen: Verfütterung von steriler chemisch reiner Cellulose an steril aufgezogene und ernährte Tiere. Der keimfreie Organismus müßte ein cellulose-lösendes Enzym aus sich heraus bilden oder aber die Rohfaser völlig unausgenutzt wieder ausscheiden. Galle, Darmsaft greifen sie nicht an.

Das Sekret des Pankreas allein ist ebenfalls ohne jeden Einfluß auf die Hydrolyse der Rohfaser.

Naturgemäß büßt die Cellulose infolge des langdauernden Vergärungsprozesses an Nutzungswert ein = ca. 20 Proz. nach v. Hößlin[35,36]).

Nach Lehmann sollen 100,0 Cellulose 75,0 Rohrzucker an Nutzeffekt äquivalent sein (zitiert nach Kellner[95]).

Ein Abbau über Zucker wird von beachtenswerten Seiten verneint. E. Müller[132]) konnte beispielsweise im Ziegenpansen in keiner Phase der Verdauung Zucker nachweisen und kommt daher zu dem Schluß, daß der Celluloseabbau — bei der Ziege wenigstens — lediglich ein Gärungsprozeß sei.

Bei der Cellulosezersetzung durch anaerobe Bakterien entstehen flüchtige Fettsäuren, vorwiegend Essigsäure und Isobuttersäure, aber auch Valeriansäure und Ameisensäure; als Endprodukte Kohlensäure und, je nach dem Gärungserreger, Wasserstoff und Grubengas (Röhmann[159]).

Immerhin haben wir, wie ich schon erwähnt habe, heute keine Veranlassung mehr, diese Vergärungsprodukte lediglich als Ballast, als Luxuskonsumption, als Verlust zu betrachten und, wie Tappeiner[190]) noch tat, „die Hälfte des eingeführten Cellulosequantums für verloren“ anzusehen.

Diese nur teilweise oxydierten Körper gelangen ja größtenteils in den Kreislauf und werden weiterhin total verbrannt, denn sie erscheinen nicht im Harn und nur in belangloser Menge im Kot. Demgemäß wären nach Kellner eigentlich nur das Methan, die Darm-CO_2 sowie die ebenfalls geringfügigen Mengen Wasserstoff und Stickstoff als wirkliche Verluste in Rechnung zu setzen.

Reine Rohfaser und Hemicellulosen steigerten nach Versuchen der Schmidtschen Schule die Glykosurie beim Phlorizindiabetes nicht, können also nicht als Glykogenbildner bezeichnet werden (J. Hoffmann[81]). Sie müssen daher einer Vergärung anheimgefallen sein. Schmidt und Lohrisch stellen sich vor, daß die Diacellose — ein Hemicellulosenpräparat des Handels — infolge des mäßigen Abbautempos „schluckweise“ ihre Zuckerstufe in den Kreislauf abgibt und daher toleriert wird. Das scheint mir unwahrscheinlich zu sein.

Auch das Weizenmehl wird sehr langsam abgebaut, Kartoffelmehl noch mehr, und beide steigern doch zumeist die Glykosurie! Ich glaube daher, daß die denaturierte Cellulose (Diacellose), die der Verdauung durch Vorbehandlung zugänglich gemacht ist, ferner die leicht löslichen Hemicellulosen einer ausgiebigen Vergärung anheimfallen und anhepatisch verwertet werden.

Es scheint mir von Bedeutung, darauf hinzuweisen, daß bei der Cellulosevergärung von keinem Untersucher Milchsäure gefunden wurde, sondern hauptsächlich Butter-*) und Essigsäure, über deren Beziehungen zum Stoffwechsel analoge eingehende Untersuchungen wie bei der Milchsäure nicht vorliegen und die daher nicht ohne weiteres mit der Milchsäure zu identifizieren sind.

Die Cellulosevergärung ist übrigens, worauf Vogt[201]) aufmerksam macht, ein ausgezeichnetes Beispiel dafür, daß man sich den Gegensatz zwischen Gärung und Fäulnis nicht allzu schematisch vorstellen soll. Die Cellulose vergärt im Dickdarm und kann doch das Auftreten von Eiweißfäulnis nicht verhindern.

Nun nimmt man aber bekanntlich für den Säugling an, daß eben die aus der Milchzuckervergärung sich herleitenden organischen Säuren der Grund für die fehlende Darmfäulnis sein sollen.

Das von Vogt[201]) herangezogene Beispiel der Cellulose ist recht geeignet, gewisse Schwächen des Satzes „Gärung und Fäulnis sind antagonistische Begriffe, d. h. in einem in saurer Gärung begriffenen Medium kann es nicht zu Fäulnis kommen" zu beleuchten. Die Physiologie — in specie der Herbivoren — lehrt, daß im Enddarm Eiweißfäulnis und Kohlehydratgärung nebeneinander ungestört ablaufen.

Aber man kann auch Einwände erheben. Den ersten habe ich schon erwähnt: die Differenz der in Betracht kommenden organischen Säuren. Milchsäure einerseits, Essigsäure andererseits. Doch auch ohne mich auf die Milchsäure versteifen zu wollen, liegen die Verhältnisse zwischen Dünn- und Dickdarm doch gar zu verschieden. Die schnelle Passage durch den Dünndarm, die anfängliche Keimarmut bzw. später ausgesprochen saccharolytische Bakterienflora gibt dem Eiweiß keine Gelegenheit zu faulen. Der Dickdarm dagegen bildet eine ideale Brutstätte für Fäulniserreger; der Darminhalt stagniert, die Reaktion ist alkalisch.

Ob die Dünndarmbakterien, die speziell Aerobier sind, außerstande sein sollen, Eiweißfäulnis**) zu bewirken, ist noch nicht sicher entschieden. Nach Ansicht Bienstocks[17]) können Aerobier überhaupt nicht Eiweißfäulnis hervorrufen.

Ich glaube daher, daß das Fehlen der Fäulnis im Dünndarm sich erklären läßt, ohne den Tatsachen Zwang anzutun.

Ob die Spaltung, Verseifung und Resorption des Fettes, Beziehungen zu den in Frage stehenden Prozessen hat, scheint noch nicht studiert zu sein.

Eine interessante Beobachtung der Tierphysiologen ist die, daß Ölzulage zum Futter die Rohfaserausnutzung steigert.

---

*) Die bei der Cellulosevergärung entstehende Buttersäure soll Isobuttersäure sein, die nicht ketoplastisch wirkt.

**) Escherich spricht von einer Immunität des Caseins gegenüber Bakterieneinwirkung im Darm. In vitro vermögen nach neueren Untersuchungen Saccharolyten bis 10 Proz. Milcheiweiß nach einhalbtägigem Brutschrankaufenthalt zu peptonisieren.

Beim Rind — aber auch nur bei diesem, nicht z. B. beim Hammel*) und der Ziege — stieg die Rohfaserausnutzung durch Ölzugabe von 34 auf 53 Proz. (Crusius[36]). Henneberg und Stohmann[75]) bestätigten diese Angabe, fanden auch die Proteinsubstanzen bei Ölzugabe etwas besser ausgenützt. Dagegen setzten Zugaben von Stärke und Rohrzucker durchgängig den Ausnutzungskoeffizienten der Rohfaser herab (Wicke und Weiske, Hofmeister, Stohmann, zitiert nach Lohrisch[119]).

Brauchbare vergleichsfähige Versuche der pädiatrischen Literatur fehlen.

In diesem Zusammenhange erwähnenswert erscheinen mir endlich Versuche von Weiske. Dieser Autor (Landwirtsch. Jahrb. 21) fand am Kaninchen bei Kalkzulage zum Heu eine Verminderung der Verdauung und Ausnutzung der stickstoffhaltigen Bestandteile des Futters, dagegen wurden Fett, Asche und stickstofffreie Extraktivstoffe besser ausgenutzt.

Bei Haferfütterung und $CaCO_3$-Zulage zeigten sich dagegen keine ungünstigen Rückwirkungen auf den Stoffumsatz. Besonders günstig war die Ausnutzung der Stärke bei Kalkzulage, nur die Cellulose wurde — wie beim Heu — vermehrt im Kote ausgeschieden.

Weiske erklärt diese Tatsachen in dem Sinne, daß er eine Kalkzulage zum Heu als zwecklos ansieht. Denn Heu ist ein alkalisches Futter, es liegt für die Zugabe eines säurebindenden Salzes daher gar keine Veranlassung vor. Anders beim Hafer. Dieser ist eine saure Nahrung und entzieht dem Herbivoren Alkali. Kalkzulage spart daher Körperalkali.

Auf den menschlichen Organismus läßt sich diese geistvolle Erklärung nun wohl nicht ohne weiteres übertragen. Außerdem bleibt uns Weiske auch Angaben schuldig, wie er sich den eigentlichen Mechanismus der Kalkwirkung vorstellt.

Ich habe schon darauf hingewiesen, daß subacide Reaktion des Mageninhaltes die Ausnützung der Cellulose herabsetzt, sich andererseits als günstig für den Stärkeabbau erweist. Wie der normale Ablauf der Verdauung im Darm nun aber durch die Kalkzulage weiterhin modifiziert wird, darüber kann man sehr viel Hypothesen aber wenig reelle Tatsachen vorbringen. Jedenfalls befördern kleine Kalkmengen, vorausgesetzt, daß sie in lösliche Form gebracht werden, den bakteriellen Abbau des Stärkekohlehydrates. Möglicherweise besitzen die beim Kohlehydratabbau auftretenden Säuren ein derartiges Vermögen. Salzsäure — per os — verbesserte nach Raudnitz[153]) die Kalkresorption beim Säugling allerdings nicht.

Aus Versuchen Orglers[142]) (siehe Tabelle) geht hervor, daß Kalkzulage zu amylaceenhaltigen Milchmischungen bei gesunden Kindern im günstigsten Fall die Resorption des Stickstoffs unbeeinflußt läßt, meist aber verschlechtert.

*) Eine gegensätzliche Angabe von Schulte-Bäuminghaus[182]) bedarf noch der Aufklärung.

Tabelle zu den Stoffwechselversuchen Orglers (Monatsschr. f. Kinderheilk. 10. Nr. 7).

Name des Kindes	Nahrung	Einfuhr	Harnmenge	Trocken-kot	N resorbiert	N retiniert	CaO retiniert	Dauer des Versuchs
Versuch I								
Herbert G. Per I	1/2 Milch + Schleim + 5% Zucker	2319	1220 = 53%	15,2	92%	32%	+ 0,369	je 3 Tage
„ „ II (Gesund)	1/2 Milch + Schleim + 5% Zucker + 1,0 Ca. acet. pro Tag . .	2308	1330 = 58%	18,3	92%	33,5%	+ 0,325	je 3 Tage
Versuch II								
Kurt S. Per I	1/2 Milch — Schleim + 5% Zucker	2389	1085 = 45%	15,2	94%	17%	+ 0,232	je 3 Tage
„ „ II (Gesund)	dasselbe + 1,0 Ca. acet. pro Tag	2368	1180 = 50%	25,35	90%	14%	— 1,148	je 3 Tage
Versuch III								
Max G. Per I	2/3 Milch u. 1/3 Mehl + 5% Zucker	3070	1300 = 42%	19,55	93%	26%	+ 0,385	je 3 Tage
„ „ II (Gesund)	dasselbe u. 1,0 Ca. acet. pro Tag	3012	1670 = 55%	27,6	91%	15%	— 0,721	je 3 Tage
Versuch IV								
Kurt St. Per I	Vollmilch	3943	2175 = 55%	47,35	91%	2%	— 1,07	je 4 Tage
„ „ II	1/2 Milch u. Mehl + 3% Zucker	4043	2675 = 66%	22,4	90%	— 1,003	+ 0,15	je 4 Tage
„ „ III (Rachitisch)	1/2 Milch + Mehl + 4% Zucker + 2,0 Ca. phosph. pro Tag .	4015	2655 = 66%	22,75	93%	6%	+ 0,17	je 4 Tage
Versuch VII								
Erich W. Per I	2/3 Milch + 1/3 Mehl + 5% Zucker	1833	980 = 53%	10,65	93%	15%	+ 0,525	2 Tage
„ „ II (Rachitisch)	dasselbe + 1% Ca. acet. pro Tag	2967	1580 = 53%	22,5	91%	12%	+ 1,083	3 Tage
Versuch V								
Kurt M. Per I	Brustmilch	1829	955 = 52%	11,27	80%	34%	+ 0,214	je 3 Tage
„ „ II (Rachitisch)	dasselbe + 2,0 Ca. acet. . . .	1872	780 = 42%	53,9 !	65%!	28,5%	+ 0,228	je 3 Tage

Bei den kranken Kindern*) finden wir verschlechterte N-Resorption und Retention in der Kalkperiode. Die erhöhte N-Ausfuhr durch den Kot wird, wie Orgler überzeugend darlegt, durch vermehrte Darmsekretion bedingt. Immerhin deutet aber die, wenn auch geringgradige schlechtere Retention, darauf hin, daß der Stickstoffstoffwechsel bei Kalkzulage unter einer Depression steht.

In Versuchen Schabads[171]) über Kalkzulage bei Rachitikern findet sich bald bessere, bald schlechtere Stickstoff-Resorption und -Retention. Dagegen wissen wir aus Versuchen von Tunnicliffe[195]), daß Tricalciumphosphat weder die Stickstoff- noch die Phosphorausnutzung steigerte.

Neben der vermehrten Darmsekretion kann noch ein anderer Faktor zur Erklärung der Bilanzverschlechterung des N-Stoffwechsels herangezogen werden: Größere Alkalimengen setzen die Eiweißausnutzung herab durch Salzsäureneutralisation und Hemmung der Pankreassekretion (v. Tabora[189]).

Es würde sich lohnen, künftig bei Kalkzulagestoffwechselversuchen auch auf den Kohlehydratumsatz und die Fettbilanz zu achten.

Aus den Harnsekretions- und Trockenkotzahlen vermag ich nichts irgendwie Gesetzmäßiges abzuleiten. Die enorme Vermehrung des Trockenkotes bei Kurt M. — bei unveränderter Kalkbilanz — ist erstaunlich. Nur in 2 Versuchen, IV 1 und 2 und V 1 und 2 verhält sich Harnmenge und Kotwassergehalt reziprok, d. h. mit steigender Trockensubstanzmenge im Kot sinkt die Harnmenge ab.

Spezieller Teil.

A. Eiweißstoffwechsel.

Die Wirkung der Kohlehydrate als Eiweißsparer ist vom Erwachsenen her wohlbekannt, aber auch für den Säugling durch zahlreiches Beweismaterial gesichert. Die Kohlehydrate stehen in dieser Hinsicht weit über den Fetten. Wenn die Indikation einer Kohlehydratzulage zur Nahrung richtig war (Milchnährschaden), dann ist die günstige Wirkung der Kohlehydrate auf den Zustand frappant.

Die Stoffwechselforschung ergibt in diesen Fällen eine starke Steigerung der Stickstoffretention**). Und zwar tritt dieselbe auch ein, wenn das Stickstoffangebot heruntergeht.

---

*) Soweit die Versuchsbedingungen kritisch einwandfrei sind.

**) Für die günstige Beeinflussung des Stickstoffwechsels durch kleine Milchsäuregaben hat man die erhöhte Tätigkeit und Wirksamkeit der sekretliefernden Verdauungsdrüsen verantwortlich gemacht. Säure ist nach Pawlow und Starling ein Fermentaktivator. Einführung organischer Säure in den Darm bewirkt nach Fleig[52]) verstärkte Pankreas- und Gallensekretion.

Auch die Drüsen der Darmschleimhaut sollen sowohl auf diesem Wege reflektorisch durch Sekretinbildung wie auch direkt excitiert werden (Fleig). Freie organische Säuren hemmen andererseits die Verdauung durch Trypsin, und zwar steht in dieser Hinsicht die Milchsäure der Butter- und Essigsäure an Wirksamkeit nach (Kudo[107]).

Auch beim Erwachsenen haben Aron und Hocson (Bioch. Zeitschrift Bd. 32) bei reiner Reiskost negative Stickstoffbilanz gefunden. In gewissem Widerspruch hierzu lehrt Hueppe (Der moderne Vegetarianismus. Berlin 1900), daß feines Gebäck und enthülster Reis zum Teil besser ausgenützt werden als Fleisch.

Die vermehrte Stickstoffausfuhr durch den Kot, die mehrfach bei Mehlzulage zur Milch von Heubner, Keller[14]) u. a. festgestellt worden ist, beruht nach diesen Autoren zum größten Teil auf der vermehrten Darmsekretion, zum anderen auf schlechterer Assimilation des Mehlstickstoffs. Ob die letztere wirklich zu Recht besteht, werde ich späterhin erörtern.

Für den entscheidenden Einfluß des Mehles als zweiten Kohlehydrates spricht neben klinischen Tatsachen, die jedem Praktiker geläufig sind, eine Reihe von Versuchsergebnissen, beispielsweise ein Versuch Orglers (Jahrbuch f. Kinderheilk. 67. Kind 2, Periode 4 und 5).

Nahrung	Nahrungs-N	Harn-N	Kot-N	Retiniert
3/5 Milch-Wasser-Milchzucker	1,57	1,012	0,265	18,5 Proz.
3/5 „ Mehl- „	1,74	1,028	0,199	29,6 „

Körpergewicht: Periode I = — 30
II = + 80

Nun ist die Sachlage leider insofern kompliziert, als Kritiker hier einwenden dürfen, daß ein ganz ähnlicher Effekt durch Steigerung der Milchzuckermenge hätte erreicht werden können. Unsere Stoffwechselliteratur besitzt in der Tat mehrere Versuche, in denen Milchzuckeranreicherung die N-Retention bedeutend steigerte. Der Milchzucker ist also nicht immer so ganz wertlos für den Ansatz[205]). Als Beweis mögen die folgenden Versuche dienen:

Nahrung	N-Einfuhr	N-resorbiert Proz.	N-retiniert Proz.	Gewicht
5×40 Milch, 60 Wasser, 5,0 Milchzucker	2,76	85	12	— 50 g
5×50 „ 50 „ 10,0 „	3,73	82	32	+ 40 „

(Orgler, ebenda, Kind 1, Periode 3 u. 4).

Nahrung	N-Einfuhr	N-resorbiert Proz.	N-retiniert Proz.	Gewicht
5×60 Milch 50 Mehlsuppe, 2,0 Milchzucker	5,32	85	12,9	— 40 „
5× „ „ 10,0 „	5,02	75	35	+ 140 „

(Orgler, ebenda, Kind 3, Periode 4 u. 5).

Ganz Ähnliches resultiert aus Orglers Versuch 7, Periode 1 u. 3: 25 Proz. zu 38 Proz. N-Retention.

Im allgemeinen geht die Anschauung dahin, daß der Einfluß des Milchzuckers auf den Ansatz gering ist. Daß er ganz bedeutungslos ist, wird durch die obigen Beispiele aus unserer Stoffwechselliteratur widerlegt. Ich erinnere hier ferner an sehr instruktive Kurven von Helbich[74]) über Austausch von Milchzucker durch Mehl.

Bemerkenswert ist aber in fast allen Fällen die Verschlechterung der Resorption bei Milchzuckersteigerung, von der wir bei dem oben zitierten Mehlversuch nichts sehen.

Wie Orgler[143]) überzeugend ausführt, hat aber die Resorptionsgröße keine wesentliche Bedeutung.

Man ersieht aus den mitgeteilten Beispielen, daß es schwer ist, sich ein richtiges Bild über die Beziehung des Mehls zum Eiweißstoffwechsel zu bilden. Fast immer kommen in Ersatz- oder Zulageversuchen 2 Kohlehydrate zur Verwendung: Milch- oder Rohrzucker + Mehl, oder Mehl + Malz. Es fehlt durchaus an einfachen, durchsichtigen Stoffwechselversuchen, in denen Mehl an Stelle von Milch oder Rohrzucker tritt, oder in denen auf eine Milchwassermischung eine Milch-Mehlsuppenperiode folgt. Am beweisendsten wäre der Ausschluß jedes weiteren Kohlehydrates neben dem Mehl.

Aus der Klinik ist uns die eklatante Wirkung des Mehles als zweiten Kohlehydrates wohlbekannt, ich muß aber betonen, daß uns die tägliche Praxis wieder viele Fälle vor Augen führt, in denen dem Mehle diese Eigenschaft durchaus abgeht, und erst ein drittes Kohlehydrat (Malz) den Ausschlag gibt.

Beobachtungen über Differenzen in der Stickstoffausscheidung bei Ernährung mit verschiedenen Mehlen wurden erst in jüngster Zeit bei Diabetikern angestellt. Diese Untersuchungen sind noch wenig zahlreich und ihre Ergebnisse nicht eindeutig. Solange die Verhältnisse beim normalen Menschen zudem noch nicht studiert sind, läßt sich daher kein Urteil fällen, ob die Mehle different sind auch in bezug auf ihre Relationen zum Stickstoffhaushalt.

Als Beispiel für die anscheinend regellosen Ausschläge der Stickstoffausscheidung im Urin — völlige Bilanzen fehlen überhaupt bisher gänzlich — bei Weizen- und Hafermehl diene die folgende Zusammenstellung.

Tabelle II. St. (Blum.)

	Harn-N	
2. VIII. 1910	5,8	Je 250 Weizenmehl, 250 Butter, 500 Wein, 100 Kognak.
3. „ „	5,8	
4. „ „	4,3	
7. IX. „	5,9	100 Weizenmehl, 100 Butter, 1000 Gemüse.
8. „ „	5,9	
16. „ „	10,7	100 Hafermehl, 100 Butter, 200 Kognak, 1000 Gemüse.
17. „ „	9,4	
19. „ „	9,2	100 Weizenmehl, 100 Butter, 150 Kognak, 1000 Gemüse.
20. „ „	8,6	

Tabelle III. (Blum l. c.)

7. IX. 1910	13,8	250 Weizenmehl,	250 Butter,	50 Kognak.
16. „ „	10,5	250 Hafermehl,	250 „	200 „
17. „ „	5,7	250 Weizenmehl,	250 „	200 „

Tabelle VII. (Baumgarten und Grund.[9])

Datum			Wert	Kost
4.	V.	1911	21,6	200 Haferflocken + konstante Kost (siehe Original).
5.	„	„	25,1	
6.	„	„	20,6	
7.	„	„	17,9	160 Haferstärke + konstante Kost.
8.	„	„	23,7	
9.	„	„	24,9	
16.	„	„	18,3	160 Weizenstärke + konstante Kost.
17.	„	„	19,9	
18.	„	„	18,5	
23.	„	„	15,0	200 Haferflocken + konstante Kost.
24.	„	„	16,1	
25.	„	„	13,2	

Tabelle VI. (Dieselben, l. c.)

Datum			Wert	Kost
31.	III.	1911	4,7	145 Haferstärke + konstante Kost.
1.	„	„	4,8	
3.	„	„	6,3	145 Weizenstärke + konstantt Kost.
4.	„	„	7,2	

Diese Beispiele ließen sich noch weiterhin vermehren, ohne daß es gelänge, einen klaren Einblick in die Beziehungen der Mehle zum Stickstoffwechsel des Diabetikers zu gewinnen. Vor allen Dingen fehlt aber jedes vergleichsfähige Material, das am gesunden Menschen gewonnen ist.*)

Stärke soll sich übrigens nach Voit[202]) nicht von Zucker in bezug auf die Stickstoffretention unterscheiden.

Ich hatte gelegentlich der „Ausnützung" des Brotstickstoffs bereits darauf hingewiesen, daß mir eine prinzipiell schlechtere Assimilation des vegetabilen Eiweißes unwahrscheinlich erscheint. Es ist nicht einzusehen, warum das Pflanzeneiweiß diese Sonderstellung einnehmen sollte. Rubner freilich tritt mit Constantinidi[34]) für die Überlegenheit tierischen Eiweißes gegenüber selbst freiem, aufgeschlossenem vegetabilen Eiweiß ein. „Freies vegetabilisches Eiweiß, wie z. B. künstlich zugesetzter Kleber, verhält sich daher weit günstiger in der Resorption (sc. als natives Broteiweiß), ohne aber die besseren animalischen Eiweißkörper zu erreichen" (Rubner[166]).

Die Frage erscheint mir interessant genug, sie zu gelegener Zeit ausführlich zu behandeln. Hier möchte ich nur darauf hinweisen, daß die bisher vorliegenden Versuchsergebnisse mir nicht ausreichend erscheinen, um dem Pflanzeneiweiß eine solche Minderwertigkeit zuzuschreiben. Die schlechtere Assimilation erklärt sich ungezwungen aus rein mechanischen Gründen: beschleunigte Passage durch den Intestinaltraktus und Einschluß in Cellulosehüllen.

Von dem erhöhten Stickstoffgehalte des Kotes müssen ferner die vermehrten Darmsekrete und -Bakterien in Abzug gebracht werden.

*) Vergleiche hierzu die tierphysiologischen Untersuchungen, Seite 41/42.

Die große bzw. dominierende Rolle der Cellulose für die Kotbildung ergibt sich aus Rockwoodschen[160]) Versuchen.

Bei Hafergrütze wurden im Kot 14,26 Proz. Kotstickstoff entleert. Wurde nun durch Aufschließen der Hafergrütze das Eiweiß extrahiert und dieses verfüttert, so sank der Kotstickstoff auf den Prozentsatz, den wir bei reiner Fleischkost im Kot vorfinden. Kurzgekochte Hafergrütze liefert viel, langgekochte wenig Kot. Das gleiche gilt vom Kartoffelmehl.

Ähnlich fanden London und Polowzowa, daß Brotstickstoff sogar leichter abgebaut wird als Hühnereiweiß. (Zeitschr. f. phys. Chem. 49).

In der Pädiatrie hat jedoch die oben zitierte Auffassung Rubners bezüglich des vegetabilen N längst Eingang gefunden. Die „schlechtere Assimilation des Mehlstickstoffs" wird von Heubner, von Czerny-Keller anscheinend als feststehende Tatsache hingenommen.

Die Versuche, in denen reine Mehlsuppen verfüttert wurden, ergaben zumeist eine extrem schlechte N-Resorption und Retention. Der erste derartige Versuch ist von Rubner und Heubner[78]) publiziert.

Stickstoffbilanz.

N-Einfuhr	Harnstickstoff	Kotstickstoff	Resorbiert	Retiniert
3,0645	2,645	1,343	56 Proz.	—0,9235

In einer anderen Versuchsperiode, die der mit Kufekemehl voraufging, wurde dasselbe Kind — ein atrophischer Säugling — mit Kuhmilch-Milchzuckerwasser ernährt. Ich lasse zum Vergleich die entsprechenden Zahlen hier folgen:

N-Einfuhr	Harnstickstoff	Kotstickstoff	Resorbiert	Retiniert
8,431	3,024	1,544	82 Proz.	46 Proz.

(Versuchsdauer je 3 Tage).

Im Versuch mit Kuhmilch betrug also der N-Verlust durch den Kot 18 Proz., im Versuch mit Mehl dagegen 44 Proz.

Ähnlich verhalten sich die Aschenverluste durch den Kot:

bei	Kuhmilch	45 Proz.
„	Mehl	66 „

Auch durch den Harn geht während der Mehlperiode absolut mehr N verloren als während des Kuhmilchversuches:

Mehl	0,882 pro Tag
Kuhmilch	0,756 „ „

Nun wissen wir bislang über die absolute Größe des aus den Verdauungssekreten stammenden Stickstoffs beim Säugling nichts. Möglicherweise stellt der Kotstickstoffgehalt von 1,3 nur bakteriellen und Sekretstickstoff dar.

Schließlich aber ist ein Atrophiker auch nicht das geeignete Objekt, um eine physiologische Streitfrage zu entscheiden.

Wir wissen aus Versuchen am Erwachsenen, die zur Feststellung des nicht der Nahrung entstammenden Kotstickstoffs gewidmet waren, daß bei stickstoffärmster bzw. -freier Kost erhebliche Mengen N im Kot erscheinen, die nur aus den Darmsekreten und aus den Bakterienleibern herrühren können.

Bei Renval[143]) stand der N-Einfuhr von 0,22 eine Ausfuhr von 1,5 gegenüber.

Bei einer anderen Versuchsperson Renvals fand sich eine Ausfuhr von 1,52 bei 0,31 Einfuhr. Im ersteren Falle steuerte also der Organismus zum Kotstickstoff — wenn diese Art der Berechnung auch nur hypothetisch ist — 1,28, im zweiten Fall 1,22 Stickstoff zu.

Bei stickstofffreier (Stärkemehl-)Kost fand Rieder[155]) täglich im menschlichen Kot 0,73 Stickstoff.

Ich dehne meine Zweifel über die Minderwertigkeit des Brotstickstoffs auch auf den Mehlstickstoff aus und glaube, daß auch hier die Verhältnisse ähnlich liegen wie beim Erwachsenen und in den Versuchen am Hund.

Wenn wir das in der pädiatrischen Literatur vorliegende Versuchsmaterial daraufhin betrachten, so ergibt sich folgendes:

Einige Versuche Orglers lassen indirekt den Schluß zu, daß der Amylaceenstickstoff a priori nicht schlechter verarbeitet wird:

Orgler[141]) (Kind II, 4 u. 5).

	Nahrungs-N	Kot-N	N-Resorbiert
(60 Milch + 40 Wasser + 5 Milchzucker)	4,7	0,796	= 83 Proz.
(60 „ + 40 Mehlsuppe + 5 „	3,1	0,598	= 88,6 „

Derselbe Autor (Kind IX, 1 u. 2).

	Nahrungs-N	Kot-N	N-Resorbiert
(100 Milch + 60 Wasser)	7,05	1,771	= 75 Proz.
(100 „ + 60 Mehlsuppe + 10 Zucker)	7,09	0,905	= 87 „

Rothberg (Kind Gröger).

	Nahr.-N	Resorbiert	Retiniert
I 5 × 120 Magermilch + 3,0 Milchzucker	8,88	89 Proz.	5 Proz.
II 5 × 120 Magermilch + 12,0 „ + 3,0 Mehl	8,61	92 „	10 „

Wenn man sich erinnert, daß bei kohlehydrathaltiger Kost die Verdauungssekrete reichlicher fließen*) und die Bakterienmenge zunimmt, so darf man aus den obigen Versuchen den Schluß ableiten, daß der Mehlstickstoff nicht schlechter assimiliert wird als der Milchstickstoff.

In Versuchen Freunds[58]) (III, a. c.) bei Milch-Kufekemehl (ohne Zucker) war beispielsweise die N-Retention leidlich, die Resorption durchaus gut.

Aus der folgenden Tabelle mag ersehen werden, daß die Stickstoffbilanz bei Kuhmilch/Milchzucker sich von derjenigen bei Kuhmilch/Mehl nicht unterscheidet.

---

*) Wohlgemuth[212]) konnte an einem Kranken mit Pankreasfistel direkt feststellen, daß bei Brotnahrung eine viel stärkere Pankreassekretion erfolgte als bei Eiweißkost.

		Resorbiert	Retiniert
Kuhmilch + Milchzucker	Orgler I*) 3	83 Proz.	18,5 Proz.
„ + „	„ I*) 4	79 „	34 „
„ + „	„ II*) 4	85 „	12 „
„ + „	„ VIII*) 3	82 „	32 „
„ + „	Keller XII**)	93,7 „	34,1 „
„ +	Rubner u. Heubner**)	93,5 „	24,1 „
„ + Mehl	Freund[58]) IIIa	85,5 „	21,8 „
„ + „	„ IIIc	95,1 „	33 „

Es wäre sehr erwünscht, wenn wir mehr Versuche wie diejenigen Freunds besäßen, und zwar unter Steigerung der Mehlmengen.

Ein weiterer hier zu besprechender Versuch — bei Mehldiät — ist der jüngst von Niemann[138]) publizierte von 6 tägiger Dauer.

N-Einfuhr	Harnstickstoff	Kotstickstoff	Resorbiert	Retiniert
9,443	8,102	2,367	75 Proz.	—1,026

In den ersten 3 Tagen wurde Rohrzucker zur Mehlsuppe zugesetzt, in den letzten 3 Tagen fiel diese Zulage wieder fort. Dadurch zerfällt der ganze Versuch in 2 getrennte Perioden, deren Bilanzen im einzelnen doch so erheblich differieren, daß ich sie hierunter folgen lasse.

Periode I	N-Einfuhr	Harnstickstoff	Kotstickstoff	Resorbiert
Tag 1—3	4,750	4,1	1,586	67 Proz.
Periode II				
Tag 4—6	4,693	4,002	0,781	83 „

Man sieht also, daß nach Fortlassen des Rohrzuckers der Kotstickstoffverlust von 33 Proz. auf 17 Proz. sinkt. In der Periode II kann also von schlechterer Ausnützung des Mehlstickstoffes nicht gut gesprochen werden.

Das gleiche lehrt eine genauere Betrachtung der N-Retention in getrennten Perioden.

In Periode I minus 0,936
„ „ II „ 0,09

Die Schuld der schlechten Gesamtbilanz ist also fast ausschließlich der Periode I zuzuschreiben. Es spricht alles dafür, mechanische Momente für die N-Verluste haftbar zu machen, nicht aber eine prinzipiell schlechtere Assimilation des Amylaceenstickstoffs.

B. Fettstoffwechsel.

Rosenfeld[162]) fand das Fett kohlehydratgemästeter Gänse oleinarm. Da die Jodzahl noch 50—65 Proz. Ölsäure angab, kann man aber nur von relativer Armut an Olein sprechen.

Ein hartes ölsäurearmes Fett erzielt der Tierzüchter durch Verabreichung eines Futters, das reich an Kohlehydraten und relativ arm

*) Orgler[141]).
**) Keller[94]).

an Fett ist. Gänse, die sich auf Feldern frei bewegen können und die Weizen- und Haferstoppelfelder absuchen, haben ein weiches, öliges Fett. Dagegen ist dasjenige der zwangsweise gemästeten Gänse fest, derb, ölsäurearm.

Steinitz und Weigert[184]) versuchten in Verfolg des obenerwähnten Rosenfeldschen Befundes die Herkunft des Fettes bei einem Mehlnährschadenatrophiker klarzustellen. Sie fanden aber eine Jodzahl (56), die „keinesfalls abnorm niedrig“ war. Der Ölsäuregehalt war also als normal zu bezeichnen, während gerade nach Rosenfeld die Fettsäuren mit höherem Schmelzpunkt hätten überwiegen müssen, wenn es sich um ein reines Kohlehydratfett gehandelt hätte.

Forsters[55]) jeweils mit Speck oder Stärke gemästete zwei Tauben wiesen folgende Zusammensetzung in bezug auf Wasser, Fett und Trockensubstanz auf:

	Wasser	Fett
Speck-Taube	66 Proz.	6,5 Proz.
Stärke-Taube	69 „	6 „

Bezüglich des Fettbildungsvermögens im Organismus entwickelt die Stärke hier also die gleiche Fähigkeit wie das Nahrungsfett. **Dagegen ist der Wassergehalt des Gesamtorganismus bei Stärke deutlich erhöht gegenüber Speck.**

Die saure Reaktion ist auch für den Fettstoffwechsel nicht ohne Bedeutung. Biernacki[18]) hat über bessere Fettassimilation bei kleinen Gaben von Milchsäure per os berichtet, was auch für meine analogen Versuche zutrifft. Wird jedoch die saure Reaktion abnorm stark, dann leiden Fettspaltung und Resorption. Die vermehrten Gärungssäuren nehmen Alkali in Beschlag und die bei der Hydrolyse der Neutralfette freiwerdenden Fettsäuren finden nicht genügend Alkali vor, um als lösliche Seifen — nach der Auffassung Pflügers — resorbiert zu werden.

Freund[57]) hat Untersuchungen über die Beeinflussung der Seifenbildung durch verschiedene Zulagen zur Nahrung (Öl, Malzsuppenextrakt) angestellt. Da Freund von anderer Fragestellung ausging, als die uns interessierende, so finden wir in seinen Versuchen den Kohlehydrat- und Stickstoffwechsel unberücksichtigt. Die Analysen des Fettstoffwechsels bieten aber einige interessante Befunde.

Es betrug bei	das Kotfett	die Seifenquote	die Fettresorption
I. Kind Kramarczyk:			
1/2 Milch-Mehlsuppe	12,3 Proz.	46,7 Proz.	96,7 Proz.
1/2 Milch-Mehlsuppe + Öl	19,1 „	7,9 „	96,3 „
1/2 Milch-Saccharinwasser	10,7 „	42,1 „	97,2 „
1/2 Milch-Mehlsuppe + Malz	12,0 „	5,9 „	93,8 „
II. Kind Winkler:			
1/2 Milch-Mehlsuppe	16,9 Proz.	57,0 Proz.	93,6 Proz.
1/2 Milch-Mehlsuppe + Öl	25,2 „	6,2 „	94,7 „
1/2 Milch-Saccharinwasser	10,3 „	47,6 „	96,2 „
1/2 Milch-Mehlsuppe + Malz	23,5 „	5,0 „	88,1 „

Hier hat das Mehl anscheinend gar keinen herabmindernden Einfluß auf die Seifen.

Wir sehen, daß Ölzulage zur Mehlsuppe die Fettresorption unbeeinflußt läßt, dagegen den Prozentsatz unlöslicher Erdseifen gewaltig herunterdrückt.

Malzextrakt vermindert in gleich energischer Weise die Seifenfettquote, führt aber zu einer schlechteren Resorptionsbilanz des Fettes in toto.

Es wäre sehr wünschenswert, diese Untersuchungen unter dem Gesichtswinkel des Kohlehydratstoffwechsels wieder aufzunehmen. Behauptet doch beispielsweise Rubner, daß die Kohlehydratverluste nach Fettzulage außerordentlich ansteigen. Die Versuche am Rind sprechen aber nicht hierfür, auch nicht für die Annahme, daß die Fette gärungshemmend wirken.

Hier wartet also noch ein völlig unbeackertes Feld des Arbeiters. Die Tierphysiologen nehmen eine besonders leichte Assimilierbarkeit des Reismehlfettes an. Auch das Haferfett — Hafer ist das fettreichste Getreidemehl — soll gut vom Pferd ausgenützt werden. Weiske fand bei Kaninchen folgende Ausnützungszahlen:

	Fett	Kohlehydrate (exkl. Cellulose)
Hafer	94 Proz.	79 Proz.
Gerste	86 „	91 „
Roggen	76 „	91 „

Noch bis vor kurzem hätte man die ganzen hier erörterten Gedankengänge, unter Berufung auf Pavy[144]), als völlig hypothetisch bezweifeln dürfen.

Nach Pavy sind die Mehle Fettbildner. Sie werden schon in der Darmwand zu Fett umgewandelt. Nun ist aber durch ein verblüffend einfaches Experiment von Reicher und v. Bergmann[13]) diese Pavysche Lehre in ihren Grundfesten erschüttert worden. Sie verfütterten fettfreien Hafer an Kaninchen und fanden keine Spur von Neutralfett in den Darmepithelien, während sich dasselbe mit Leichtigkeit darstellen ließ, wenn gewöhnlicher, nicht entfetteter Hafer verabreicht wurde.

Ich habe in der Darmwand von mit entfettetem Hafer gefütterten Tieren gleichfalls kein Fett oder nur minimale Tröpfchen finden können. Aber auch die anderen Getreidemehle verhalten sich ähnlich. Da bei den Versuchen von Reicher und v. Bergmann nur das Hafermehl berücksichtigt wurde, blieb nämlich noch die Möglichkeit offen, daß andere Getreidemehle sich vielleicht different verhalten könnten. Ich habe daher auch noch fettfreies Weizen-, Roggen- und Gerstenmehl einer Prüfung unterzogen. Aber die Resultate blieben dieselben negativen wie beim Hafer. Nach Fütterung mit fettfreiem Roggen, Gerste, Weizen haben wir niemals Fett in den Darmepithelien nachweisen können. Durch diese Feststellung werden auch die weitgehenden hypothetischen Schlüsse Aranys[4]) bezüglich der Fettsynthese aus Kohlehydrat widerlegt. Arany nimmt an, daß „die zusammengesetzten Kohlehydrate, nachdem sie durch den Speichel und das Pankreassekret in ihre Komponenten zerlegt worden sind, im Darm unter Einwirkung des Darmsaftes in Fett umgewandelt" werden. „Es scheint als wahrscheinlich, daß der Darmsaft diese fettbildende Fähigkeit einer von den im Darm anwesenden und mit dem Organismus eine Symbiose eingehenden Bakterien erzeugten Substanz verdankt." Bei Diabetes soll diese „Funktion der Darmflora" gestört sein.

Durch den v. Bergmannschen Versuch und meine obenerwähnten Nachprüfungen bzw. Ergänzungen fällt diese Theorie in sich zusammen.

C. Mineralumsatz.

Auf enge Beziehungen des Mehles zum Mineralstoffwechsel weist die bekannte Tatsache der Wasserretention hin, die sich beim Säugling klinisch Tag für Tag demonstrieren läßt und die sich unter Umständen beim Diabetiker, aber auch beim Nichtdiabetiker bis zu den bekannten Ödemen steigert. Wochen- und monatelang hält ein mit Milch/Zuckerwasser ernährter Säugling sein Körpergewicht auf ein und demselben toten Punkte. Man legt jetzt der Kost einen Eßlöffel Mehl zu, und mit dem Tage beginnt die Körpergewichtskurve anzusteigen.

Es ist eine bereits vielfach von Pädiatern geäußerte Ansicht, daß es sich hier nur um Wasserretention durch eine Beeinflussung des Mineralstoffwechsels handeln kann. Ein ausschließlicher Ansatz von Fett ist bei der großen Körpergewichtszunahme, um die es sich hier pro Tag handelt, undenkbar. Auch eine Glykogenmast, wie sie L. F. Meyer[129]) andeutet, scheint mir nicht zum Verständnis ausreichend.

Die einschlägige Literatur ist eingehend an dieser Stelle (Ergebn. d. inn. Med. u. Kinderheilk. 1. S. 345) von L. F. Meyer besprochen worden, so daß ich auf die dortigen Ausführungen verweise. Lust[122]) hat kürzlich darüber berichtet, daß er bei kohlehydratgenährten Säuglingen mit starken Gewichtszunahmen eine Erhöhung des Wassergehaltes des Blutes fand.

Ich erinnere ferner an Untersuchungen, die Weigert und Steinitz[181]) über die im Gefolge einseitiger Mehlernährung auftretende pathologisch große Wasseranreicherung des Organismus veröffentlicht haben und die durch bedeutsame Tierexperimente überzeugend gestützte Hypothese Weigerts[204]), die herabgesetzte Immunität der Mehlkinder mit dieser Vermehrung des Wassergehaltes des Körpers in Verbindung zu bringen.

Schon Pettenkofer[147]) hatte darauf hingewiesen, daß die Disposition der Proletarier für Infektionen und ihre verminderte Widerstandskraft bei Erkrankungen möglicherweise mit ihrer kohlehydratreichen, zur Wasseranreicherung des Organismus führenden Ernährung in Verbindung stehe.

Von den drei verschiedenartig genährten Hunden Weigerts hatte der mit Semmel und Zucker gefütterte den höchsten Wassergehalt,

72 Proz., wie auch die stärkegefütterte Taube Forsters[55]) (mit 69 Proz. Wassergehalt), der mit Speck (66 Proz.) ernährten überlegen war.

Ein weiterer Beweis für diese Deutung der Gewichtszunahme ist die Tatsache, daß mit kohlehydratangereicherter Kost ernährte Säuglinge die stolze Zunahme von Wochen und Monaten in wenigen Tagen wieder einbüßen können im Gefolge profuser Diarrhöen. Diese Kohlehydratkinder zeigen ferner ganz außergewöhnlich starke Ausschläge der Gewichtskurve, wenn man in die Nahrungskomposition eingreift, z. B. die Kohlehydrate einschränkt und Fett oder Eiweiß vermehrt. Alles das ist lediglich ein Ausdruck lockerer Wasserbindung im Organismus, worüber die Experimentalphysiologie uns bereits längst durch Tierversuche Beweismaterial erbracht hat.

Blauberg[21]) verdanken wir die Analyse des gesamten Mineralstoffwechsels bei reiner Mehldiät (atrophischer Säugling von Rubner und Heubner. Zeitschr. f. Biologie 38).

Die Resorptionswerte der Mineralien sind schlecht, die Retentionswerte beispiellos schlecht.

Die Gesamt-Mineraleinfuhr betrug pro Tag = 1,332
Die Ausfuhr durch den Kot = 0,9
Es wurden also in Summa resorbiert 32,55 Proz.

Wie stellt sich nun aber die Bilanz der einzelnen Komponenten?

K_2O	= 75,62 Proz.	MgO	= minus
Na_2O	= 14 ,,	F_2O_3	= 38,10 Proz.
CaO	= minus	Cl_2	= 78 ,,

P_2O_5 = 26,3 Proz.

Am besten schneiden die Chloride ab.

Die Gesamtbilanz verläuft mit Ausnahme des Eisens bei allen wichtigen Elementen negativ.

K_2O	= (pro Tag)	— 0,077
Na_2O	=	— 0,087
CaO	=	— 0,052
MgO	=	— 0,027
F_2O_3	=	+ 0,005
Cl_2	=	— 0,015
P_2O_5	=	— 0,054
Gesamtasche	=	— 0,399 pro Tag.

Der Einfluß des Fettes auf den Mineralstoffwechsel ist bisher eingehender studiert als derjenige der Kohlehydrate.

Daß auch die Kohlehydrate eine Verschlechterung der Aschenbilanz herbeiführen können, ist bekannt. Die Mineralentziehung durch Kohlehydrate ist aber, wie schon rein klinische Betrachtungen vermuten lassen, wesentlich weniger bedeutend als die durch Milchfett.

Die Anzahl hierüber vorliegender Stoffwechselversuche ist sehr klein und nicht einmal eindeutig. Denn von einer reinen Mehlwirkung läßt sich infolge der Kombination mit einem zweiten Kohlehydrat nicht sprechen.

	Körpergew.	Harnmenge Proz.	Trockenkot	Retention Kalk Proz.	Stickstoff Proz.	Magnesia
I. 5 × 120 Magermilch + 3,0 Milchzucker	— 20	39	15,95	14,1	5	+ 0,066
II. 5 × 120 Magermilch + 12,0 Milchzucker + 3,0 Mehl	+ 20	43	12,65	5,2	10	— 0,0682

(Kind Gröger, siehe Rothberg-Birk[163]).

Dieser Versuch lehrt, daß infolge der Steigerung des Kohlehydratgehaltes der Nahrung die Bilanz der Erdalkalien sich verschlechtert, während der Eiweißstoffwechsel noch im Sinne einer besseren Sparung verharrt.

Dieses Beispiel ist ein weiterer Beweis für die schon oft betonte Tatsache, daß der Mineralstoffwechsel ein sehr feines Reagens auf eine Nahrungsänderung ist. Würde der Eiweißstoffwechsel allein untersucht worden sein, so wäre die Zweckmäßigkeit der Kohlehydratanreicherung über jeden Zweifel erhaben gewesen. Die ausgesprochene Verschlechterung der Erdalkalibilanz regt jedoch zur Fragestellung an, ob die Eiweißsparung durch den Verlust an Erdalkalien nicht zu teuer erkauft ist. Durch weitere Versuche läßt sich dieser Punkt klären.

Aus meinen Untersuchungen über den Einfluß der Milchsäure auf den Mineralstoffwechsel konnte bereits gefolgert werden, daß große Dosen dieser Säure die Aschenbilanz eingreifend schädigen, und zwar derart, daß sie am intensivsten am Kalkstoffwechsel angreifen.

In dem oben zitierten Versuch Rothberg-Birks ist leider nur der Erdalkaliumsatz berücksichtigt. Wir dürfen vermuten, daß auch Kali und Natron an der Depression teilnehmen, wenn auch nicht so hochgradig wie die Erdkalien.

Meine Milchsäurestoffwechselversuche lehren, daß der Umsatz der Alkalien trotz schwerer Schädigung immer noch meist positiv abschließt, während CaO und MgO bereits in Verlust gehen.

Wir sehen hier also dasselbe Phänomen eintreten, welches beim Milchnährschaden so offenkundig ist: Erdalkaliverlust durch den Kot.

Auf der einen Seite verwenden wir die Kohlehydratanreicherung aufs erfolgreichste beim Seifenstuhl des Milchnährschadens. Wir schalten die Komponente, die die Kalkseifen begünstigt, aus und führen Kohlehydrate ein, „die die Seifenbildung im Darm zurückdrängen" (Langstein[112]). Daß dieser Einfluß auf die Seifenbildung übrigens nicht obligatorisch an das Malz geknüpft ist, beweist der unten zitierte Versuch Orglers.

Nun verabfolgen wir die gleichen Kohlehydrate in etwas gesteigerter Menge in Magermilch, also bei Abwesenheit von als Kalkfänger dienendem Milchfett und erzielen eine Depression des Stoffwechsels der alkalischen Erden!

Ich stelle diese beiden Extreme der Kohlehydratwirkung noch einmal in Gestalt von Stoffwechselversuchen einander gegenüber:

		CaO
I.	Vollmilch	— 1,07
II.	½ Milch-Mehl + 3 Proz. Zucker	+ 0,15

(Orgler[142]), Kind St.).

		CaO	MgO
III.	Magermilch + 2½ Proz. Zucker	+ 0,412	+ 0,066
IV.	„ + 10 „ „ + 2½ Proz. Mehl	+ 0,131	— 0,068

(Birk-Rothberg, Kind Gröger).

Der feinere Mechanismus dieser durch Kohlehydrate bewirkten Entziehung von alkalischen Erden ist nicht bekannt.

Wie sich Mehl und Zucker hierbei pathogenetisch verhalten, wem von beiden in dieser Hinsicht die wichtigere Rolle zukommt oder ob beide identisch wirken, ist eine offene Frage. Nach Freund[57]) scheint das Mehl — als einziges Kohlehydrat verabreicht — außerstande zu sein, bei fettreicher Nahrung die Seifen zu vermindern. Im Versuch IV kommen nun freilich Fettsäuren, die sich aus dem Milchfettabbau herleiten, nicht in Betracht, so daß die hier obwaltenden Umstände nicht ohne weiteres mit denen in Freunds Versuchen vergleichbar sind. Die Stoffe, die zu einer starken Sekretion alkalischen Darmsafts führen, sollen die Seifenausscheidung ungünstig beeinflussen, „im Gegensatz zu jenen, die den Gärungsprozeß und damit das Überwiegen der Säuren begünstigen" (Freund, Langstein). Auch diese Hypothese scheitert an Versuch IV.

Ich hatte an anderer Stelle ebenfalls der Möglichkeit gedacht, daß beim Kohlehydratabbau vermehrt auftretende Säuren den Übergang unlöslicher anorganischer oder organischer Kalksalze in lösliche, resorbierbare Form bewerkstelligen könnten. Nun tritt im Gegenteil gerade bei Kind Gröger (Nr. IV) Vermehrung der Kalksalze in den Fäces auf.

Dagegen fanden Voit (und v. Hößlin[83]) im Kot eines nur mit Brot gefütterten Hundes folgende prozentische Aschenzusammensetzung.

CaO	2,2	18,11
MgO	10,7	10,5
P_2O_5	20,3	27,4
Kal. + Natr.	14	9

Der prozentischen Zusammensetzung nach kann man auf Grund dieser Analysen nicht von einem abnormen Erdalkaliverlust sprechen.

Es bleibt vorläufig nur ein „non liquet" übrig. Ob gesunde und ernährungsgestörte Säuglinge übrigens in gleicher Weise auf ein Plus an Kohlehydrat in der Nahrung reagieren, ist noch zu untersuchen.

D. Harn- und Stuhlmengen. Wasserhaushalt.

Die Reaktion des menschlichen Harns wird durch Cerealien im allgemeinen nicht verändert. Der Grund dafür liegt in dem Eiweißgehalt der Mehle und der sauren Asche, ferner der Abwesenheit der pflanzensauren Alkalien.

Aus diesen Gründen bleibt beispielsweise auch das Harnammoniak durch Mehlkost unbeeinflußt, nicht dagegen durch frische Blattgemüse und Früchte.

Unter dem Gesichtspunkte des hier abgehandelten Problems sind Harn- und Kotmengen bei Säuglingen bisher noch nicht systematisch untersucht worden.

Soweit ich darüber in der Literatur verwendbare Angaben habe finden können, stelle ich sie im folgenden zusammen:

Freund[58]) IIIa.

	Nahrung	Harn	Kot feucht	Kot trocken	Kotwassergehalt
Milch-Mehl, 1 : 2*)	1000	545	54	7,4	85 Proz.
,,	1000	575	68	9,2	86 ,,
,,	1000	570	75	6,9	91 ,,
IIIc.					
Milch-Mehl, 1 : 1*)	1000	330	136	11,67	91 ,,
,,	1000	495	106	11,52	89 ,,
,,	1000	430	138	11,99	91 ,,
,,	1000	500	117	11,7	90 ,,
,,	1000	490	85	9,95	88 ,,

	Nahrungsmenge	Harnmenge	Wassergehalt des Kotes
IIIa.	3000	1690 = 56 Proz.	85—91 Proz.
IIIc.	5000	2245 = 45 ,,	88—91 ,,

Auch in der tierphysiologischen Literatur habe ich nur spärliche verwertbare Daten finden können, da die Ernährung nicht ausschließlich mit den einzelnen Getreidekörnern bzw. Mehlen erfolgte.

Es berichtet z. B. Weiske[208]) über auffallend geringe Harnmengen bei einem ausschließlich haferernährten Hammel. An einem Tag bestand sogar Anurie.

Je weniger Rohfaser die Amylaceen enthalten, um so konsistenter der Kot. Kaninchen entleeren bei Haferkost gelbe, lockere Kotballen, bei Gerste — noch mehr aber bei Roggen — kleinere, zähere, dunklere.

I. Kind Kramarczyk (Freund[57])

Nahrungsmenge	Harnmenge	Kotmenge feucht	Kotmenge trocken	Wassergehalt des Kotes
825 1/2 Milch-Mehl*)	422	17,5	3,8779	78 Proz.
847 1/2 Milch-Wasser*)	482	13,3	3,9606	70 ,,
887 1/2 Milch-Mehl-Malz*)	417	40,6	7,8232	81 ,,

*) ohne Zuckerzusatz.

II. Kind Winkler (Freund l. c.)

Nahrungsmenge	Harnmenge	Kotmenge feucht	Kotmenge trocken	Wassergehalt des Kotes
725 ½ Milch-Mehl*)	445	20	4,78	76 Proz.
738 ½ Milch-Wasser*)	548	22	4,88	78 „
843 ½ Milch-Mehl-Malz*)	427	58	7,29	87 „

Die Harnmengen betrugen in Prozent der Nahrungsmengen

	I	II
bei Milch-Mehl	51 Proz.	61 Proz.
„ Milch-Mehl-Malz	47 „	50 „
„ Milch-Wasser	57 „	74 „

Es wird also in diesen Fällen bei Milch + Mehl weniger Harnwasser entleert als bei Milch + Wasser (Wasserretention). Auch bei Milch + Mehl + Malz ist die Harnmenge klein, während die Kotmenge enorm vermehrt ist.

Den höchsten Wassergehalt haben die Malzstühle, doch beweisen die Milch-Mehlversuche Freunds — siehe Seite 665 —, daß deren Wassergehalt mit 85—91 Proz. den der Milch + Mehl + Malzstühle noch übertreffen kann.

Darauf hat schon Keller in seiner Monographie über die Malzsuppe aufmerksam gemacht.

Bei Ernährung mit 8proz. Malzextrakt-Wasserlösung fand sich eine Harnsekretion von 57 Proz. Wurden der wässerigen Malzlösung nun 40,0 Weizenmehl zugesetzt, so sank die Harnwasserabgabe um 10 Proz.

	Harnmenge durchschnittlich pro Tag
800 g 8proz. Malzextrakt	455 = 57 Proz.
dasselbe + 40,0 Weizenmehl	373 = 47 „

(Keller: Malzsuppe, S. 64.)

Ein ähnliches Herabgehen zeigt ein zweiter Fall desselben Autors:

Ohne Mehl = 462 Harn pro Tag im Durchschnitt
Mit „ = 235 „ „ „ „ „

(Keller: loc. cit. S. 44).

Malzsuppe = 50 Proz. Harnwasser
½ Milch-Wasser = 54 „ „
+ Rohrzucker

(Keller: loc. cit. S. 51/52.)

Aus anderen Stoffwechselversuchen geht nun aber wieder hervor, daß die oben abgeleitete Regel verminderter Harnmenge bei Kohlehydratzulage zur Milch durchaus nicht allgemein gültig ist.

Die Verhältnisse sind vorläufig überhaupt noch nicht zu überblicken, wie besonders drastisch der Versuch Metzke beleuchtet:

---

*) ohne Zucker.

	Nahrung	Harn	Kot
Kind Gröger*)			
I. Vollmilch, Mehlsuppe, Malz	1904	569 = 30 Proz.	34,8
II. Magermilch, Milchzucker	1828	730 = 39 ,,	15,95
III. Magermilch, Milchzucker, Mehl	1706	734 = 43 ,,	12,65
IV. Vollmilch	1926	706 = 37 ,,	31,7
Kind Sausner*)			
I. Magermilch, Milchzucker	1914	804 = 42 ,,	12,05
II. Milch, Mehlsuppe, Malz	1838	465 = 25 ,,	33,1
III. Vollmilch	1605	715 = 44 ,,	21,05
Kind Metzke*)			
I. Magermilch, Milchzucker	2414	875 = 36 ,,	14,7
II. Milch, Mehlsuppe, Malz	2351	1187 = 50 ,,	21,85
Kind St.**)			
I. Vollmilch	3943	2175 = 55 ,,	47,35
II. Milch, Mehlsuppe, Zucker	4043	2675 = 66 ,,	22,4

In einigen Versuchen haben die Autoren die Nahrung in Gramm, die Harnmenge nach dem Volumen angegeben. Dadurch entsteht natürlich eine Fehlerquelle, die bei sehr konsistenten Nahrungsgemischen 2 bis 3 Proz. ausmacht. Für die obigen Betrachtungen mit ihren weitergehenden Gesichtspunkten haben diese kleinen Differenzen naturgemäß keine Bedeutung.

Heubner[79]) weist darauf hin, daß bei seinen bekannten Versuchen mit Carstens „der atrophische, mit Mehl genährte Säugling, die größte tägliche Wasserausscheidung durch den Urin hatte, die wir überhaupt beobachtet haben".

Der von Rubner und Heubner[78]) bei Kufekemehldiät untersuchte Atrophiker hatte folgende Wasserbilanz:

Nahrungsmenge 2853,
Harnmenge 2099 = 73 Proz.

Bei Kuhmilch-Milchzuckerwasser waren die entsprechenden Zahlen:

Nahrungsmenge 3826,
Harnmenge 2038 = 53 Proz.

Eine noch extremere Größe erreicht die Harnwassermenge in dem gleichfalls schon erwähnten Versuch III von Niemann[138])

6550 : 5555 = 85 Proz.

Zerlegen wir den Versuch aus den schon erörterten Gründen in zwei Perioden, dann ergibt sich für Periode I (Mehl + Rohrzucker)

Periode I (Mehl + Rohrzucker) 3200 : 2645 = 83 Proz.
Periode II (reine Mehldiät) 3350 : 2910 = 87 ,,

*) Rothberg, Jahrb. f. Kinderheilk. **66.**
) Orgler, Monatsschr. f. Kinderheilk. **10. Nr. 7.

Bei partieller Inanition, denn anders ist in beiden Fällen die reine Mehlkost während des Versuchs nicht zu bezeichnen, fluten 73 bis 87 Proz. des eingeführten Wassers durch den Harn ab. Hierbei scheint der Zustand des Kindes weniger von Bedeutung zu sein, als die zugeführte Mineralmenge, denn das Kind Heubners und Rubners war ein Atrophiker, dasjenige Niemanns gesund. Die Aschezufuhr aber betrug bei Heubner und Rubner im Mehlversuch nur 3,978, im Kuhmilchversuch dagegen 13,123.

Jedenfalls lassen sich also aus dem kleinen bisher vorliegenden verwertbaren Material — in vielen Versuchen, die für unser Problem von Bedeutung sind, fehlen leider in den Protokollen die Harnmengen — keine Gesetze in bezug auf die Wasserabscheidung durch Harn und Kot ableiten. Die Verminderung der Harnmenge bei einer an Vegetabilien reichen Kost ist auch der Inneren Medizin wohlbekannt. Besonders Diabetiker zeigen nach Einleitung eines vegetarischen Regimes ein außerordentliches Absinken der Harnflut.

Ich stelle weiterhin die Werte für die Wasserdampfausscheidung der Versuchskinder Heubner-Rubners und Niemanns zusammen.

I.	Heubner u. Rubner:	Kuhmilch,	Körpergew.	2955	Oberfl. 2450 qcm,
II.	„ „ „	Mehl,	„	2946	
III.	Niemann:	Mehl,	„	5630	„ 3737 „

I. Mittel 4 Versuchstage,
II. „ 3 „
III. „ 6 „

	H_2O I	H_2O II	H_2O III
Es lieferte in 24 Stunden	163,25	127,4	132
Pro Kilo in 24 Stunden	55,24	43,24	23,7
Pro Kilo und Stunde	2,302	1,8	0,99
Pro Quadratmeter und Stunde	23,9	21,7	14,7

Die Zahlen für die Harnsekretion, desgleichen „die Verminderung der respiratorischen Wasserausscheidung bei Mehlnahrung" fordern, darin ist Niemann beizupflichten, zu weiteren Untersuchungen der Urinmengen bei einseitiger Mehlkost auf. Freilich ist zu bedenken, daß der Kochsalzmangel der Nahrung hierbei Berücksichtigung verlangt. Daß wir bei einer maskierten Inanition, wie sie die zusatzfreie Mehldiät eines Säuglings darstellt, keine positiven Bilanzen zu erwarten haben, wissen wir schon aus Blaubergs[21]) Stoffwechselversuch. Die Wasserretention als, sagen wir, normaler Effekt der Kohlehydrate kann nur zustandekommen, wenn in die Korrelationen der Kohlehydrate zu den anderen organischen und anorganischen Nahrungskomponenten nicht zu brüsk eingegriffen wird, wenn insbesondere eine Untergrenze disponibler Mineralien der Nahrung eingehalten wird. Ist dies nicht der Fall, dann läßt sich der Wasserhaushalt nicht mehr in seinen Einzelheiten überblicken. Dann kann es beispielsweise zum Abfluten des Wassers kommen und zu dem Bilde des extrem wasserarmen Mehlkindes. Wie ist nun aber der pastöse, pseudoödematöse Typ zu erklären?

Niemann glaubt diese Ödeme auf eine Kapitulation der Nieren vor der dauernden Mehrarbeit beziehen zu können.

Mir scheint diese Annahme unwahrscheinlich zu sein. Ich halte diese Ödeme für Inanitionsödeme. Die pathologische Wasserretention infolge Inanition ist durch Experimente Baers[6]), die wenig Beachtung in der Literatur gefunden haben, gut gestützt. Baer nimmt an, daß Mangel an harnfähigen Stoffen (Zucker, Kochsalz, Eiweißabbauprodukte [Harnstoff]) bei völlig intakten Nieren ebenso zu Ödemen führen kann wie Überfluß dieser Stoffe bei insuffizienten Nieren. Baer vermutet, daß bei dyskrasischen Zuständen Veränderungen der Blutzusammensetzung- und Menge vorliegen und daß die Niere erst sezerniert, wenn durch Ausgleich dieser abnormen Verschiebungen in der Blutzusammensetzung ein genügend starker Reiz ausgeübt wird.

Langstein und Meyer[110]) sprechen ganz allgemein von einer „Schädigung der Gefäße“ (Säuglingsernährung und Säuglingsstoffwechsel S. 177).

Die Wasserretention schwindet, sobald der Organismus wieder Gelegenheit hat, harnfähige Substanzen vermehrt zu produzieren und sie zusammen mit dem überschüssigen Wasser durch den Urin zu entleeren.

Diese letztere Tatsache, die wir beim sich reparierenden „Mehlkind“ stets beobachten können, scheint mir gegen eine renale Insuffizienz zu sprechen. Die Störung liegt vielmehr intermediär. Möglich, daß die Leber mitbeteiligt ist. Der Befund einer Fettleber beim Mehlnährschaden scheint darauf hinzudeuten. Es wären daher vermutlich Störungen in der Harnstoffsynthese bei daraufhin gerichteten Untersuchungen zu erwarten.

VI. Zur Praxis der Ernährung mit Mehlen.

A. Vorurteile.

Von Gregor[63]) ist nachgewiesen worden, daß die Furcht von der Entstehung von Anämie bei frühzeitigem Mehlzusatz zur Milch exakten Beweismaterials entbehrt, und daß umgekehrt gar nicht beachtet wird, wie wenig andere Formen der künstlichen Ernährung das Auftreten von Anämie, das doch so innig mit dem Begriff der künstlichen Ernährung verknüpft ist, zu verhindern vermögen.

Gregor fand bei seinen Studien über Ernährungserfolge mit kohlehydratreicher Nahrung, daß in 30 von seinen 90 Fällen das Resultat der Ernährung durch Auftreten bzw. Bestehenbleiben von Blässe beeinträchtigt wurde.

In bezug auf das Alter verteilten sich die anämischen Säuglinge folgendermaßen:

Es bestand Anämie:

Im 1. und 2. Lebensmonat	bei	8 von	33 =	24 Proz.
„ 3., 4. und 5. „	„	12 „	41 =	30 „
„ 6. bis 14. „	„	10 „	16 =	62,5 „

Es wurde also von den jüngsten mit Mehl ernährten Säuglingen ein viel kleinerer Prozentsatz anämisch als von den älteren. Er schränkt die Beweiskraft dieses Berechnungsmodus allerdings selbst wieder ein, indem er angibt, daß die 10 Säuglinge der dritten Gruppe fast insgesamt bereits mit ihrer Anämie in die diätetische Behandlung eintraten.

Gregor kommt zu dem Schluß, „daß ein Einfluß der amylumhaltigen Kost auf pathologische Veränderungen des kindlichen Blutes bisher nicht erwiesen ist, daß andererseits „der Prozentsatz auffällig blasser Kinder selbst bei frühzeitigem Beginn und ununterbrochener Durchführung dieser Ernährung ein verhältnismäßig kleiner ist, daß endlich das „verhältnismäßig rasche Auftreten einer gesunden Hautfarbe eine besondere Eigentümlichkeit des kohlehydratreichen Regimes darstellt".

„Die Meinung, daß Säuglinge durch Ernährung mit Amylaceen **rachitisch** werden, ist ein durch nichts begründetes Vorurteil." (Stoeltzner in Pfaundler und Schloßmann. 2. Aufl. 1910. S. 107). Reichlich 10 Jahre früher stand aber gerade dieses „Vorurteil" hoch im Kurs. Demme[38]) sah 73 Proz. aller Kinder, die frühzeitig Brei oder Zwiebackbeikost neben Kuhmilch erhalten hatten, später rachitisch werden. Nach Filatow[50]) erkranken „besonders häufig" diejenigen Kinder an Rachitis, „in deren Nahrung in den ersten Lebensmonaten stärkemehlhaltige Stoffe das Übergewicht hatten".

Zweifel[213]) lehnt heute noch die Mehlverabfolgung auch in Kombination mit Milch an Säuglinge des ersten Quartals ab, weil er die Entstehung von Rachitis befürchtet.

Bei den französischen Pädiatern begegnet man dieser Anschauung noch öfters. So weist Variot[199]) darauf hin, daß Mehl, im Übermaß der Milch zugesetzt, rachitigen wirkt und zum Mehlnährschaden führt. Variot selbst bezeichnet diesen Ausgang einseitiger Mehlernährung als „état hypotrophique". Bei Verwendung von Kakaomehl handele es sich möglicherweise um eine chronische Oxalsäurevergiftung, wodurch die Anämie der Mehlkinder ihre Erklärung fände (?).

Gregor[63]) war es zuerst, der 1900 energisch gegen die Annahme der rachitigenen Wirkung frühzeitiger Amylaceenverabreichung — die heute noch in der französischen Pädiatrie pietätvoll kultiviert wird — Front machte.

Das Material der Breslauer Poliklinik, an welchem Gregor seine ernährungstherapeutischen Studien machte, war sicherlich das denkbar ungünstigste, was den Ernährungsmodus des Säuglings und seine Ascendenz anbelangte. Kein einziger dieser Säuglinge konnte als eugenetisch gelten. Und dennoch wurden von den 33 ein- bis zweimonatigen

Säuglingen nur 19, rachitisch, 42,5 Proz. blieben völlig frei. Und als rachitisch faßte Gregor damals allein schon jede Dentitionsanomalie auf, selbst wenn sie das einzige Symptom der Rachitis blieb.

Aus diesen Zahlen geht zum mindesten hervor, daß frühzeitige Ernährung mit amylumhaltiger Kost keineswegs eine schwere Rachitis provoziert.

Des weiteren hat Gregor nachgewiesen, daß es trotz epiphysärer Rachitis relativ selten zu Deformitäten kam und daß vor allen Dingen die Myopathien sich ausnahmslos besserten.

Auf diesen letzten Punkt legt Gregor großes Gewicht. Er hat aber in der Literatur wenig Beachtung gefunden.

Und doch ist die Beziehung der höhermolekularen Kohlehydrate, ganz besonders der Mehle zum Muskeltonus eine nicht abzuleugnende und oft erstaunlich sinnfällige Tatsache.

Auf dem Lübecker Kongreß (1895) machte Meinert[127]) darauf aufmerksam, daß wir die Kohlehydrate als eine Hauptquelle der Muskelkraft zu schätzen haben. Sie seien beispielsweise in akuten Krankheiten eine Kraftquelle für den geschwächten Herzmuskel.

Ähnlich äußert sich Jacobi: „Wohl aber hat vielfältige Erfahrung bewiesen, daß die Ernährung der Muskeln nicht unter vorwiegender Albuminnahrung, sondern mit Beimischung von Kohlehydraten geschieht."

Gregor hat dann später nachdrücklich auf diese Beziehungen hingewiesen und sie durch klinisches Beweismaterial gestützt. Er bezeichnet „das in Beziehung auf die Muskelentwicklung erzielte Ergebnis bei Kindern, die schon von den ersten Monaten an reichlich Kohlehydrate zur Milch erhalten hatten, als äußerst günstig".

Von 33 1—2 monatigen Säuglingen blieben muskelschwach 8 = 24 Proz.
„ 41 3—4 „ „ „ „ 10 = 24 „

Selbst begleitende schwere Rachitis hinderte die frühzeitige kräftige Muskelentwicklung und Betätigung oftmals nicht. Es gelingt also nach Gregor, „bei kohlehydratreicher Nahrung unter Umständen in kurzer Zeit eine Reparation der vollständig daniederliegenden motorischen Funktionen zu erzielen". Aus frühzeitiger Addition von Amylaceen zur Nahrung resultieren „in der Mehrzahl der Fälle nicht allzu fette, nicht von Rachitis freie, aber muskelkräftige, agile Kinder". Ja, Gregor gibt sogar der Überzeugung Ausdruck, daß in Fällen von Rachitis mit besonders hervortretender Myopathie von einer kohlehydratreichen Nahrung selbst im frühen Säuglingsalter bessere Resultate erwartet werden können, als von jeder anderen künstlichen Nahrung, unter Umständen sogar noch bessere als von der Frauenmilch.

Auf die hervorragende Rolle, die die Mehle bei der Therapie der Tetanie einnehmen, sei hier kurz hingewiesen. Der Nutzen dieser von Fischbein[49]) angegebenen Behandlung ist evident. Escherich[45]) verfährt so, daß er bei manifester Tetanie künstlich genährter Säuglinge den Darm entleeren und 24—48 Stunden nur Teediät einhalten läßt.

Die Nützlichkeit dieses Vorgehens ist jüngst von Zybell[216])-Thiemich angezweifelt worden, hat jedoch in Ibrahim[89]) einen warmen Verteidiger gefunden. Die Mehrzahl der Kliniker wird wohl auf gleichem Standpunkte stehen wie der letztgenannte Autor und vorläufig an der sicher bewährten kurzdauernden Hungerdiät festhalten.

Escherich empfiehlt dann nach dieser Karenzperiode, oder je nach Maßgabe schon früher, milchfreie Mehle in 5 proz. Lösung zu ordinieren und „nach einiger Zeit" wieder vorsichtig mit Milchzusatz zu beginnen. Obstipation ist sorgfältig zu vermeiden*).

Worauf die heilsame Wirkung der Mehlernährung bei Spasmophilie beruht, entzieht sich bislang unserer Kenntnis.

Nach Thiemich-Zybell handelt es sich um symptomatische Faktoren, da auch Frauenmilch die gleichen Effekte zeitigt wie die Mehle. Durch Einleitung einer „Kontrasternährung" werden schädliche Einflüsse des bisherigen Ernährungsmodus ausgeschaltet. Möglicherweise spielt auch die Darmflora eine uns noch unbekannte Rolle. Der Erfolg der Therapie (Abführmittel bzw. Nahrungskarenz, dann Mehl) spräche vielleicht dafür.

Gregor hat ebenfalls zuerst opponiert gegen die traditionell gewordene Verurteilung frühzeitig verabfolgter amylaceenhaltiger Kost als eines die **„Skrofulose"** begünstigenden Momentes. Er fand, daß dreiviertel seiner Säuglinge bei kohlehydratreicher Nahrung von Erscheinungen der Skrofulose verschont blieben.

Ähnlich sind ja auch heute unsere Anschauungen über die Verwendung von Amylaceen bei exsudativer Diathese. Jedoch würde ein näheres Eingehen auf diesen Punkt den verfügbaren Raum ungebührlich überschreiten müssen, ist zudem jüngst an anderer Stelle ausführlich erörtert worden (Klotz, Bedeutung der Konstitution für die Säuglingsernährung. Würzburg 1911).

B. Welche Mehle?

Ich habe schon erwähnt, daß die meisten Autoren die Auswahl unter den Getreidemehlen dem persönlichen Befinden des Einzelnen überlassen.

Dieser Standpunkt ist berechtigt, wenn man sich vergegenwärtigt, wie jungen Datums die Untersuchungen über die biochemische Differenz der Getreidemehle sind. In Anbetracht der geringen Mengen von Amylum, die dem Säugling zugemessen werden dürfen, kann ferner von Weizenmehl oder Hafermehl kein in die Augen fallender Unterschied im Ernährungseffekt erwartet werden. Es fehlt zudem noch jedes diesbezügliche klinisch-experimentelle und Stoffwechselmaterial. Ich möchte mich daher der Anschauung Thiemichs[193]), in Fällen, die bei Weizenmehl nicht gedeihen, einen Mehlwechsel eintreten zu lassen und Hafermehl zu verabreichen, nur mit Reserve anschließen.

---

*) Thiemich[192]) rät, die ausschließliche Mehlernährung nicht länger als 8 Tage durchzuführen.

Von größerer Bedeutung wird die Frage erst für das spätere Säuglingsalter, wenn das Mehl unter den Nahrungsstoffen einen größeren Raum einzunehmen anfängt. Hier wird man sich vergegenwärtigen, daß Weizenmehl im wesentlichen als Zuckerstufe resorbiert und als Glykogen abgelagert bzw. in Fett umgewandelt wird, während Hafer in der Hauptsache als leicht verbrennliche Kohlehydratsäure in den Stoffwechsel eintritt und nur bei reichlicher Zufuhr zu Glykogenie führt. Man wird also mit Weizen eher mästen können als mit Hafer.

Für konstitutionell abnorme bzw. kranke Kinder hat daher eine Unterscheidung zwischen Hafer und Weizen wohl Bedeutung. Leider aber fehlt uns vorläufig jegliches Stoffwechselmaterial.

Erroux sieht den Hafer als Exzitans an, das neben dem Coffein und Campher genannt zu werden verdient (Erroux, Thèse de Paris 1910). Hafer hebt ferner den Muskeltonus und ermöglicht größere Muskelleistungen. Brighenti fand, daß peptisch verdaute Haferkörner Substanzen lieferten, die den Muskeltonus steigerten (zitiert nach Maury, Thèse de Paris 1911).

Das Hafermehl wird besonders von Dujardin-Beaumetz empfohlen seines hohen Eisengehaltes wegen, „der den im Weißbrot und in der Kuhmilch weit übertrifft" (Jacobi[86]). Auch Dassein[37]) zieht das Hafermehl allen anderen Getreidemehlen vor. Er wendet es nach dem 4. Monat in Kombination mit Kuhmilch an und weist darauf hin, daß man auch in England fast überall das Hafermehl, besonders das schottische Mehlprodukt, mit Vorliebe bei der künstlichen Ernährung verwende.

„De tous les aliments, y compris le lait de vache, c'est la farine d'avoine qui se rapproche le plus du lait de femme comme éléments plastiques et respiratoires" (!!). Beweisendes großes Zahlenmaterial sucht man in seiner, sowie in allen anderen einschlägigen Publikationen vergebens.

Ein anderer französischer Autor, Andérodias[3]), empfiehlt den Hafer wegen seines hohen Cellulosegehaltes bei Zuständen von Obstipation.

Marfan[126]) warnt dagegen ausdrücklich vor dem Hafer; er sah danach Erbrechen und Durchfall. Wenn man aus therapeutischen Gründen Mehl geben muß, dann soll Gerste oder Reis genommen werden.

Jacobi[46]) verwendet besonders das Gerstenmehl, weil man bei diesem seines niedrigen Fettgehaltes halber weniger Gefahr laufe, Durchfälle hervorzurufen. „Mein Rat geht daher ein für alle Mal dahin, Kindern mit Neigung zu Durchfällen Gerstenmehl, Kindern mit Neigung zu Verstopfung Hafermehl zu geben." „Im übrigen ist die chemische Zusammensetzung beider so nahezu gleich, daß es gleichgültig sein würde, auf welches von beiden die Wahl fiele."

Wir sehen aus dem letztzitierten Satze, wie richtig Jacobi die Stellung der beiden Amylaceen im System einschätzte, obwohl zu der Zeit, da er seine „Pflege und Ernährung des Kindes" schrieb, die einschlägige Literatur über die Chemie der Mehle recht insuffizient war. „Für ganz kleine Kinder“ soll man nicht die Perlgraupen, die zumeist Stärke enthalten, verwenden, sondern die ganzen Graupen stundenlang kochen, um auf diese Weise möglichst viel Gersteneiweiß und möglichst wenig Stärke in den Schleim zu bringen. Für das spätere Kindesalter können dann auch die stärkereichen Perlgraupen Verwendung finden.

Theoretisch betrachtet, sind diese Ratschläge durchaus rationell. Ein so erfahrener Praktiker wie Jacobi weiß, was er empfiehlt. Nachgeprüft an großem Materiale sind seine Angaben noch nicht.

Die Dosierung ist nach Jacobi: 1 Teil Milch, 3 Teile dünner, transparenter Gerstenschleim für jüngste Kinder, für 2—5 monatige 1:2, für ältere 1:1.

In Frankreich werden bei Magendarmstörungen fermentierte Hafersuppen verabreicht. Hafermehl wird mit Hefe kurze Zeit vergären gelassen. Dann wird filtriert und das Filtrat gekocht (Zentralbl. f. d. ges. Phys. u. Path. d. Stoffwechsels 1909. S. 875).

In der Lehre von der Ernährung der landwirtschaftlichen Nutztiere wird der Hafer hervorragend bewertet. „Hinsichtlich Schmackhaftigkeit und Bekömmlichkeit übertrifft er alle Körnerarten, Digestionsbeschwerden treten nach Haferfütterung kaum auf. Als Kraftfutter ist er für das empfindlichste unter den Nutztieren, das Pferd, so hoch geschätzt, daß man ihn nur ungern und dann auch nur teilweise durch anderes Futter ersetzt.“ Gerste ist der „Hafer der heißen Länder“, aber ihm nicht ebenbürtig (Kellner[25]). Man glaubte früher, die tonisierende Wirkung des Hafers auf ein alkoholextrahierbares Alkaloid, das „Avenin“ Sansons, beziehen zu dürfen. Weiser[206]) wies jedoch nach, daß der Hafer gar kein Alkaloid enthält.

Ballot[8]) gibt an, daß man, falls bei seiner Buttermilchsuppe Durchfälle eintreten, das Weizenmehl durch Reismehl ersetzen soll.

Weizenmehl ist stickstoffarm, es kann daher (!) zweckmäßig als Beikost vor dem Abstillen verwendet werden, in gleicher Weise wie Reis und Tapioka (Roux[165]).

Nach dem 15. Monat soll man zweckmäßig die Mehle variieren, d. h. abwechseln zwischen Hafer und Gerste, Weizen und Mais. Denn jedes Mehl hat seine charakteristischen Eigenschaften, sein differente Zusammensetzung in bezug auf Fett, Salze, Eiweiß und Kohlehydrate. Es empfiehlt sich sogar unter Umständen täglicher Wechsel! (Roux.)

C. Wieviel? Wann?

Es kann nicht meine Aufgabe sein, hier den Weg der Getreidefrüchte durch die Küche (Zubereitungarten), die Rolle in der Ernährung des Gesunden, Kranken und Rekonvaleszenten, zu verfolgen. Darüber sind spezielle Anleitungen in Kochbüchern, in Lehrbüchern der Diätetik usw. niedergelegt. Es soll im folgenden nur in kurzen Richtlinien die Verwendung der Amylaceen bei Erkrankungen des Verdauungsapparates, soweit sie in den Rahmen dieser Darstellung fällt, erörtert werden.

Bei der Superacidität sind Amylaceen in mäßigem Umfange gestattet. Bei rationeller Zubereitung werden kleinere Mengen gut bewältigt.

Den Vorzug unter den Amylaceen verdienen hier nach Riegel besonders die eiweißreichen Mehle (Gräditzer Eiweißmehl, Leguminosenmehle). Ich habe früher erwähnt, daß bei Superacidität die Cellulose gut ausgenutzt wird, wie neuere experimentelle Untersuchungen gelehrt haben. Schon Jürgensen hat darauf hingewiesen, daß Genuß von Vegetabilien bei Superacidät durchaus anzuraten sei.

Bei Superacidität stärkeren Grades leidet die Amylolyse bereits. Besonders erheblich jedoch bei Supersekretion. Bei letzterer ist Vorsicht im Gebrauch der Amylaceen geboten.

Riegel empfiehlt überhaupt in diesen Fällen die Mehle in aufgeschlossener Form, z. B. die sog. dextrinisierten Mehle, Kindermehle zu verabreichen. Je weitgehender aufgeschlossen sie sind, um so weniger regen sie außerdem die Salzsäureproduktion an.

Bei Supersekretion hat die Zufuhr einer etwas weniger knapp bemessenen Menge von Amylaceen dann Aussicht, ohne Beschwerden vertragen und verdaut zu werden, wenn sie kurz nach einer Magenausspülung erfolgt.

Ähnlich steht es mit der Verabfolgung von Amylaceen an Kranke mit Gastrektasie. Zustände von erheblicher motorischer Insuffizienz und Superacidität bzw. Supersekretion bei Ektasie verbieten den Genuß jeder auch nur mittelgroßen Menge von Amylaceen. Bei Ektasie mit verminderter Salzsäuresekretion gestattet Riegel beispielsweise folgende Amylaceenmengen, (neben Milch, Bouillon, Omelette, Bries, Nutrose):

Früh:	30,0 Röstbrot,
Vormittags:	desgleichen,
Mittags:	20,0 Leguminosenmehl (als Suppe),
Kaffee:	2 Zwieback,
Abends:	50,0 Reis (als Milchreis) und 2 Zwieback.

Bei Ektasie mit normaler oder vermehrter Sekretion:

Früh:	3 Zwieback,
Vormittags:	20,0 Röstbrot,
Mittags:	50,0 Kartoffelbrei,
Nachmittags:	2 Zwieback,
Abends:	30,0 Röstbrot und 2 Zwieback.

Bei akuten Gastritiden hat auch heute noch das altgewohnte Schema Geltung: nach 1—2 tägiger Nahrungskarenz oder Scheindiät die Wiederaufnahme der Ernährung mit dünnen Schleimabkochungen (Hafer, Gerste) einzuleiten.

Die Quantität der erlaubten Kohlehydrate bei chronischer Gastritis richtet sich nach den sekretorischen Verhältnissen. Die Kost soll bei der Gastritis chronica gemischt sein. „Sie soll viel Kohlehydrate, aber auch mäßige Quantitäten Eiweiß und Fett enthalten“ (Riegel).

Über die Diätetik bei Ulcus ventriculi gehen heute die Ansichten ziemlich auseinander. Wer die Auffassung hegt, Ruhe und Vermeidung jedes Reizes als erstes Prinzip der Behandlung anzusehen, wird erst in der 3. Woche Schleim- oder Mehlsuppen, Gries, Reisbrei, Cakes verordnen. Lenhartz gestattet schon in der 2. Woche Zwieback.

Aufgeschlossene, möglichst cellulosearme Cerealien bedarf der Kranke mit Achylia gastrica. Den Suppen aus Kindermehlen, Leguminosenmehlen usw. kann man künstliche Nährpräparate zusetzen. Riegel empfiehlt auch Puddings und konsistentere Breie aus geeigneten Amylaceen.

Ähnlich wie bei Ernährungsstörungen der Säuglinge und Kinder muß ich hier bemerken, daß es unmöglich ist, die therapeutische Verwendung der Amylaceen bei Erkrankungen des Darmes eingehender zu skizzieren, ohne die ganze Lehre der speziellen Diätetik aufzurollen. Zudem lassen sich die Darmstörungen nicht in ähnlicher übersichtlicher Weise schematisieren wie die des Magens.

Bezüglich der Erkrankungen des Darmtraktus beim Erwachsenen, soweit sie ohne gleichzeitige Beteiligung des Magens auftreten, sei daran erinnert, daß hier die Amylaceen bei weitem weder pathogenetisch noch therapeutisch die bedeutungsvolle Rolle spielen, wie beim Säugling und Kind. Beim Erwachsenen halten sich schon normalerweise Gärungsprozesse in bescheidenen Grenzen, es finden sich daher abnorme Kohlehydratzersetzungen auch nicht allzu häufig. Bekannt ist ferner die große Bedeutung der Kohlehydrate, insonderheit der Amylaceen, Vegetabilien usw. bei der Ernährungstherapie der Obstipation.

Hier kam es mir im wesentlichen darauf an, die zahlreichen wichtigen Forschungsergebnisse auf dem Gebiet des Kohlehydratstoffwechsels zusammenzufassen und dem Leser ein Bild davon zu geben, welche Stellung die Mehle im System der Kohlehydrate einnehmen und wie wir uns die Wirkungen, die tiefere Bedeutumg der Mehle als Nahrungsmittel, ihre Beziehungen zum Stoffhaushalt höherer Organismen vorzustellen haben. Bei dieser Beschränkung des Themas kann daher auch die Lehre von der intestinalen Intoxikation — Bouchard, Combe, Metschnikoff — die Therapie der Gärungskrankheiten (Kohlbrugge) — und des Diabetes an dieser Stelle nicht besprochen werden. Namentlich bei letzterem gewinnt die diätetische Behandlung mit Amylaceen, in Form von Kohlehydratkuren mehr und mehr an Bedeutung. Der gegenwärtige Stand unserer Kenntnisse über Hafer-, Weizen-, Reis- usw. Kuren finden sich an anderen Orten erschöpfend behandelt.

Wann sollen wir Mehl an Säuglinge verabreichen?

Auf diese Frage ist eine präzise Antwort unmöglich. Jeder erfahrene Pädiater hat darüber seine eigene Ansicht. Es ist positiv erwiesen, daß auch Säuglinge der ersten Lebenstage bereits Mehl, in Gestalt von dünnen Schleimabkochungen „vertragen", d. h. nutzbringend verwerten. Jedoch sind ebensoviele Mißerfolge bekannt. Die Fähigkeit, das Stärkemehl abzubauen, ist individuell außerordentlich verschieden. Daß man „ganz jungen kranken Säuglingen vorübergehend getrost" Mehlabkochungen geben kann, haben Heubner und Carstens schon 1895 betont. Die zwei Indikationen, die sie damals aufstellten, 1. die Milch durch Zusatz von Mehlabkochungen verdaulicher zu machen und 2. einem kranken Darm die schwere Arbeit der Fett- und Eiweißverdauung zeitweilg zu ersparen, entsprachen dem damaligen Stande der Kentnisse.

Es schien mir eine ebensowenig kurzweilige wie lohnende Aufgabe zu sein, alle Lehr- und Handbücher, Grundrisse und Leitfäden der Kinderheilkunde daraufhin zu studieren, wie sich unsere zeitgenössischen Pädiater zur Mehlfrage stellen. Ich glaube auch nicht, daß dem Leser irgendwie damit genützt ist, wenn er erfährt, daß X pro, Y contra votiert. Wenn man an alle prominenten Pädiater der Erde Fragebogen senden würde: „Wie denken Sie über Mehlzusatz zur Säuglingsnahrung?“ so dürften die Antworten in allen Regenbogenfarben spielen.

Ich gehe aus den schon erwähnten Gründen nur insoweit auf die Anschauungen einiger Pädiater in diese Frage ein, als sie mir durch ihre Begründung bemerkenswert erscheinen.

In „La Pratique des maladies des enfants“, dem modernsten französischen Lehrbuch der Pädiatrie, empfehlen Méry, Guillemot und Génévrier die „diète hydrocarbonée“ in Gestalt der Gemüsesuppen (Kartoffeln, Moorrüben, Bohnen usw.) ohne Mehlzusatz für jüngste Kinder, mit Mehlzusatz für ältere. Sie begründen dies damit, daß in allen Zuständen akuter Gastroenteritiden besonders die Proteine schlecht vertragen werden, weil sie ein geeigneter Nährboden für die Proteolyten sind. Die Gemüsesuppen hindern die schädliche Vermehrung der Fäulniserreger und begünstigen die Entwicklung der Milchsäurefermente, deren Nutzen gegenüber der Darmfäulnis von Metschnikoff und Tissier bewiesen sei.

Bei Verstopfung empfehlen dieselben Autoren, beim Brustkind bis zu 6 Monaten die Ernährung der Stillenden zu regeln, und erst wenn der Säugling über $^1/_2$ Jahr alt ist, ein Allaitement mixte einzuleiten mit Gerstenmehlsuppe.

„On se trouvera naturellement arrêté chez le jeune enfant par l'impossibilité de donner d'autre aliment que le lait.“

Die meisten anderen französischen Pädiater rücken die Grenze noch weiter hinauf bis zum 12. Monat. Begründung: „Les recherches de Zweifel, de Bidder, Schmidt et Korowin“, und die Beobachtung, daß, wenn man früher Amylaceen gibt als oben angegeben, fast immer „Dyspepsien“ eintreten und „Rachitis“ folgt.

Comby wartet den 8. Monat, Legendre und Broca den 12. ab. Budin gibt gelegentlich etwas früher als vorm 12. Monat amylaceenhaltige Beikost. Marfan erlaubt beim Brustkind im 6. Monat, beim künstlich genährten im 10. Monat Mehlbeikost. Roux, der Autor einer französischen Monographie über die Verwendung der Mehle, kommt zu folgendem Schluß: Man kann sehr geringe Mehlgaben vom 6. bis 9. Monat geben, geringe Mehlmengen vom 9. bis 12. Monat. Von da ab besteht keine Gefahr mehr. Normalerweise, also beim gesunden

Kind, soll man vor dem 9. Monat, oder bevor der Säugling 8 kg wiegt, kein Mehl geben. Dagegen empfiehlt Roux bei rekonvaleszenten Kindern nach Erkrankungen der Respirations- oder Digestionsorgane, bei Tuberkulose, bei Rachitis, bei Atrophie seine Cerealienabkochung hauptsächlich ihres Gehaltes an Phosphaten wegen. Sie ist aus je einem Suppenlöffel Weizenkleie und Gerstenmehl und je 2 Löffeln Roggen und Buchweizen zusammengesetzt (Wasser 1 Liter). Genauere technische Angaben über die Bereitung dieser Cerealienabkochung finden sich bei Roux (S. 53). Die Art und Weise der Anpreisung: „Le rachitique ne peut qu'y trouver des ressources inépuisables", ohne Beläge mit Krankengeschichte veranlaßt mich, von einem näheren Eingehen hierauf abzusehen.

Rotch (New York) bekennt sich als Feind der Milchverdünnung mit Gerstenschleim. Erstens kommt weder in Kuh- noch in Frauenmilch Stärke vor, „ein Fingerzeig der Natur". Zweitens enthält Barley-water fast gar keine Stärke, ist also im großen und ganzen nichts weiter als Wasser. Und endlich die amylolytische Subfunktion: „The infant is prepared to take sugar, the adult to take starch."

Escherich[46]) äußert sich zur Mehlfrage wie folgt: „Kleine Mengen, unter 1 Proz. Stärke, wie sie beispielsweise in den Rollgersten oder Reiswasserabkochungen enthalten sind, können auch von den jüngsten Kindern verdaut werden." Mehlbrei oder Mus oder „Kocherl" ist für ganz junge Kinder schädlich und daher unzulässig, da diesen „die zur fermentativen Umwandlung der Stärke notwendigen Fermente fehlen, oder doch nur in sehr geringer Menge zur Verfügung stehen".

Heim (Budapest) verabreicht Säuglingen unter 3 Monaten an der Brust bei acholischen Stühlen und mangelnder Zunahme eine 10 proz. mit Milchzucker versüßte Kufekemehlsuppe. (Ref. Monatsschr. f. Kinderheilk. 5.)

Heubner[80]) glaubt, daß man bei der künstlichen Ernährung im allgemeinen mit den Milch-Milchzuckermischungen auskommt. Bei „empfindlichen" Kindern empfiehlt es sich, an Stelle des Wassers eine dünne 3 proz. Hafer- oder Gerstenmehlabkochung zu verwenden.

Bekannt ist der Standpunkt Czerny-Kellers in der Mehlfrage. „Als den Zeitpunkt, an dem wir bei jedem Kinde, auch wenn sich bis dahin die Ernährung mit Milch ohne Mehl durchführen ließ, mit einer Mehlernährung beginnen, bezeichnen wir die Zeit des vollendeten 6. Lebensmonates." Es geschieht dies, um einer Steigerung der Milchmengen mit ihren bekannten schädlichen Folgen, vorzubeugen.

Vor einem Zuviel an Mehl schützen Beobachtung der Reaktion und Konsistenz der Fäces, Meteorismus, Flatulenz, zu rapide Gewichtsanstiege.

Die Autoren haben ferner selbst oder durch die Arbeiten ihrer Schüler darauf hingewiesen, daß auch jüngste Kinder und Neugeborene mit amylaceenhaltigen Milchmischungen ernährt werden können. Dieser Standpunkt der Autoren bezieht sich auch auf kranke und konstitutionell abnorme jüngste Säuglinge. Allerdings unter aufmerksamster Beobachtung der individuell verschiedenen Amylumtoleranz. In den ersten Lebenstagen und Wochen kommen ausschließlich dünne Schleimabkochungen in Betracht, auf deren Herstellung und nähere Charakterisierung ich hier verzichte, da der Gegenstand im Handbuch von Czerny-Keller erschöpfend dargelegt ist. Bei den minimalen Stärkemengen, die in dies Dekokt übergehen, ist es belanglos, welche Amylaceenspezies man wählt. Die allerschwächsten Gärungsprozesse hat man bei dünnem Kartoffelstärkeschleim — aus groben Stärkewürfeln hergestellt — zu gewärtigen.

Alles in allem genommen steht die deutsche Pädiatrie dem Mehlzusatz zur Milch bei weitem weniger ablehnend gegenüber als in den letzten Jahrzehnten des vorigen Jahrhunderts. Dieser Umschwung datiert seit den Untersuchungen von Heubner, Carstens und den großzügigen Arbeiten der Breslauer Schule. Im Verein damit hatten die neueren Studien von Moro, Gillet, Jakubowitch, Ibrahim u. a. eine Korrektur der Anschauungen über die Minderwertigkeit der diastasierenden Fermentfunktionen des Säuglings zur Folge.

Wie sehr sich die Anschauungen in dieser Hinsicht verschoben haben, beweist wohl am besten ein Zitat: „Noch ganz anders und viel ungünstiger stellt sich die Sache dann (nämlich bei Ersatz des Fettes durch konzentrierte Milchzuckerlösungen), wenn an Stelle des Zuckers der Ersatz des Fettes durch Amylum erfolgen soll, da nunmehr dem Organismus die weitere Aufgabe zugemutet wird, das Amylum in eine resorptionsfähige Substanz, in Zucker zu verwandeln, wenn anders es nicht unausgenutzt den Körper wieder verlassen soll" (Schloßmann, 1898[176]).

Einen völlig negierenden Standpunkt nehmen heute noch nur Oppenheimer[139]) und Zweifel[213]) ein. Oppenheimer erkennt ausdrücklich an, daß „manche Kinder bei Schleim- oder Mehlernährung vortrefflich gedeihen", rät aber, auch bei gesunden Kindern prinzipiell auf Schleim und Mehl zu verzichten, weil die Gefahren der Mehlfütterung größer sind als die Vorteile.

Zweifel[213]) lehnt prinzipiell jede Mehlverabfolgung — auch in Kombination mit Milch — an Säuglinge des ersten Quartals ab, weil er die Entstehung von Rachitis dadurch zu begünstigen fürchtet.

Wer sich diesen Standpunkt zu eigen macht, begibt sich damit aber eines wertvollen, ja u. U. unersetzbaren diätetischen Hilfsmittels. Häufig genug kann der Arzt in Lagen kommen, wo er eine amylaceenhaltige Beikost verordnen **muß** und zwar schon bei ganz jungen Säuglingen. Es gibt konstitutionell abnorme Säuglinge, die unweigerlich der Atrophie verfallen, und selbst an der Brust kann dieser Fall eintreten, wenn man die Ernährung nicht modifiziert. Und hier hilft dann kein Disaccharid, sondern wird einzig durch Mehlzusatz die Entscheidung im Sinne einer Reparation herbeigeführt.

Wieviel Mehl allerdings gesunde und kranke Säuglinge erhalten dürfen, diese Frage kann heute noch nicht beantwortet werden. Die exakte Dosierung leidet zuerst darunter, daß Mehl ein Sammelname ist. Wie unendlich variieren die einzelnen organischen und anorganischen Bestandteile im Mehl, wie wenig gleichen sich Rollgerste, Perlgraupen, Weizengries und wie die einzelnen Produkte alle heißen mögen! Dann der Wasserzusatz, die Kochdauer, das Passieren durch Siebe. Aus diesen Gründen wird die Mehldosierung wohl nie über approximative Werte hinauskommen. In den Lehrbüchern finden sich die Angaben zur Herstellung von Schleimen und Mehlsuppen, die jeder Hausfrau geläufig sind, vor. Aus dem Respirationsstoffwechselversuch von Heubner und Rubner an dem $3^1/_2$monatigen Atrophiker wissen wir, daß ausschließliche Ernährung mit 50 g Kufekemehl pro Tag eine Hungerkost bedeutet.

Ein Tagesquantum von 50 g Weizenmehl (in 1 Liter Malzsuppe) dürfte das Maximum des Erlaubten im Verband anderer Nährstoffe für einen Säugling etwa im 9. Monat sein. Exakte Zahlen lassen sich hier aber gar nicht bringen. Es gibt gesunde Säuglinge, die viel mehr vertragen, und wieder andere, die auf viel weniger mit Durchfällen reagieren.

Für ganz junge Säuglinge empfiehlt L. F. Meyer[130]) folgende Skala:

1. Monat	5 g	Hafergrütze	auf	1	Liter	Wasser,
2. „	10—20 „	„	„	1	„	„
3. „	15—30 „	„	„	1	„	„
4. „	30—40 „	„	„	1	„	„

Wohl zu unterscheiden ist jedoch die Verwendung des Mehles im Verband anderer Nährstoffe von der einseitigen Mehlkost, deren direkte und indirekte Schädigungen wohlbekannt sind.

Näher hierauf einzugehen, würde auf das große Kapitel der Ernährungstherapie kranker Kinder führen, auf den Mehlnährschaden im besonderen, die Ernährungsstörungen infolge Mißbrauchs der Kohlehydrate im allgemeinen.

Unsere Kenntnisse vom Mehlnährschaden sind zudem in keiner Weise über die Grundbegriffe hinausgekommen, die die Untersuchungen der Breslauer Schule festgelegt haben. Es erübrigt sich daher eine Wiederholung oft gesagter Dinge an dieser Stelle.

Auch auf das „durch die Praxis geheiligte Schema“ (Rietschel[156]), bei gewissen akuten Darmstörungen nach Aussetzen der Nahrung und Teediät mit einer dünnen Schleim- oder Mehlabkochung die Ernährung wieder aufzunehmen, habe ich hier nicht einzugehen.

D. Die Kindermehle.

Eingangs dieser Arbeit habe ich bereits von den Kindermehlen gesprochen. An dieser Stelle möchte ich ausführlicher hierauf eingehen.

In den sechziger Jahren des vergangenen Jahrhunderts tauchten die ersten Kindermehle auf und wußten sich sofort den Markt zu sichern. Die Fülle immer neuer in den Handel gebrachter Präparate bewies die pekuniär lohnende Zugkraft dieses Nahrungsmittelartikels. Kam es doch mit Hilfe kritikloser Empfehlungen und rücksichtsloser Reklame so weit, daß, wie Biedert[16]) schreibt, die Liebigsche Suppe dem Nestléschen Kindermehl in der öffentlichen Gunst weichen mußte. Wie die Kindermehle seinerzeit alle Welt faszinierten, darauf haben Jacobi und Biedert beredt hingewiesen. Letzterer macht mit berechtigtem Spott darauf aufmerksam, daß ein Arzt, der mit Hilfe von Nestlémehl seine Säuglingsmortalität von 50—60 Proz. auf 20 Proz. herabdrücken konnte, besonders wegen seiner 50 Proz. Mortalität angestaunt zu werden verdient.

Es kam denn auch, wie ich schon geschildert habe, zur Reaktion gegen die Auswüchse der Kindernährmittelindustrie. Es mußte doch schließlich auch dem vertrauensvollsten Praktiker auffallen, wie jedes neu auftretende aus der gar nicht mehr zu übersehenden Menge der Kindernährpräparate, in sich die Bestandteile der Frauenmilch „in größter Harmonie", „in natürlichster Komposition" vereinigte. Wie jedes Präparat der Frauenmilch „am nächsten kam". Das war die Zeit, als Zweifel[214]) fand, daß Magen und Darm eines mit Nestlemehl gefütterten Säuglings überall unveränderte Stärke enthielt, als die Untersuchungen zahlreicher Forscher über fermentative Rückständigkeit des Säuglingsorganismus zu dem gänzlichen Boykott des Mehles führten.

Die Nährmittelfabrikanten trugen dann auch den neuen Anschauungen über die Physiologie des Kohlehydratabbaues sofort bereitwilligst Rechnung und bescherten uns nun die Kindermehle par excellence: die dextrinisierten, aufgeschlossenen, zumeist milchfreien Mehle. Dieselben sollten neben ihren zahllosen sonstigen Vorzügen auch die Labgerinnung der Kuhmilch zu einer außerordentlich feinflockigen gestalten.

Chapin[29]) prüfte die Einwirkung von Milchzusatz auf die Labgerinnung der Kuhmilch. Er ließ Lab erst auf Vollmilch, dann auf Milch-Wasser (1 : 1) und dann auf Milch-Gerstenschleim (1 : 1) wirken. Das Casein fand sich dann im letzten Fall am feinsten verteilt vor. Bei künstlichen Verdauungsversuchen erwies sich ebenfalls die letzte Kombination als die am raschesten verdaute. Auch am Hund mit einer Magenfistel ergaben sich gleichsinnige Resultate. Noch feinere Caseinflocken wurden erhalten, wenn dextrinisierte Gerste verwendet wurde.

Dagegen wollte Biedert feinflockigere Gerinnung weniger durch Schleim als vielmehr durch die Mehle (Kufeke usw.) bewirkt sehen.

Da seit 1903 keine Neuauflage erschienen ist, können wir heute noch im König[103]) lesen: „Rohe Mehle sind auch schon deshalb ungeeignet für die Kinderernährung, weil das Kind in den ersten Lebensmonaten kein stärkelösendes Enzym besitzt." „Ein unter Zusatz von Milch aus aufgeschlossenen Mehlen durch Eintrocknen hergestelltes Kindermehl von folgender Zusammensetzung:

6 Proz. Wasser, 15 Proz. Protein, 5 Proz. Fett, 50 Proz. löslichen, 21 Proz. unlöslichen Kohlehydraten, 0,5 Proz. Rohfaser, 2,5 Proz. Asche, 1 Proz. Phosphorsäure würde nach dem 6. Lebensmonat als Ersatz der Muttermilch gelten können."

Von den dextrinisierten Kindermehlen verdienen die aus Hafer hergestellten nach König besonders den Vorzug. (König, Teil II, 1904.)

Die dextrinisierten Mehle hatten eine erneute, natürlich vorwiegend deutsche literarische Produktion zur Folge. Wie ein Heuschreckenschwarm verfinsterten die Publikationen über dextrinisierte Mehle den Lesehimmel. Wer das Gruseln lernen will, der werfe einen Blick in die Literatur jener Zeit. „Der Stuhlgang erfolgt 2—3 mal ohne Beschwerden"; „Muskel- und Knochenbildung schreitet in befriedigender Weise vorwärts", „blühendes, auf ungetrübtes Wohlbefinden hinweisendes Aussehen". „Escherich verwendete dasselbe (Kufekemehl) bei seinem eigenen Jungen, und versuchte auch mehrere andere Proben von Kindermehlen, aber keines hatte eine so günstige Wirkung auf das Körpergewicht und die Beschaffenheit des Stuhlganges, wie das Kufeke-Kindermehl." „Da Kufekes Kindermehl die in der Muttermilch vorhandenen Nährstoffe in dem richtigen Verhältnis enthält, kann es Säuglingen zur ausschließlichen Ernährung dienen" (Drews[39]). In diesem Stile: „Vive Kufeke, à bas Nestlé", und umgekehrt, bewegt sich die Literatur in selbst hochangesehenen Fachblättern.

Es ist aber entschieden, daß die große kulturelle Rolle, die einst die Muttermilchersatzpräparate, die Kindermehle usw. zu spielen berufen schienen, auf irrigen Voraussetzungen basierte. Die Muttermilch läßt sich nicht ersetzen, wir kennen keine Form der künstlichen Ernährung, die derjenigen an der Brust äquivalent ist. Und es ist der Industrie nicht gelungen, ein Ersatzmittel der Frauenmilch darzustellen, das jeder Kritik standhält.

Die Zusammensetzung der verschiedenen Kindermehle weicht von der der Amylaceen mehr oder weniger stark ab.

	Wasser	Protein	Fett	Kohlehydrate lösl.	Kohlehydrate unlösl.	Rohfaser	Asche
Nestlés Kindermehl	6,01	9,94	4,53	42,75	34,70	0,32	1,75
Mufflers „	5,63	14,34	5,8	27,41	44,22	0,34	2,4
Klopfers „	3,73	18,63	3,2	67,85	4,07	—	2,5
Kufekes „	8,37	13,24	1,69	23,71	50,17	0,59	2,23
Rademanns „	5,58	14,15	5,58	17,29	52,74	0,73	3,93
Mellins food „	6,15	7,81	0,29	75,65	6,93	—	3,17
Theinhardts Infantina (1904)	3,83	17,19	5,85	49,01	20,54	—	3,58
Phosphatine Falières	5,8	2,35	1,92	56,68	31,98	—	1,22

Diese Angaben beziehen sich auf gewöhnliche, im Handel kursierende Ware und stellen zumeist Mittelwerte nach König (1903) dar.

(Vergl. die Tabelle am Schluß dieses Abschnittes.) Seitdem aber haben sich die Analysenwerte einiger Mehle etwas verschoben, wie die folgenden Zahlen zeigen (1910):

	Wasser	Protein	Fett	Kohlehydrate		Asche
				lösl.	unlösl.	
Kufeke *)	—	13,05	—	70,88	10,75	2,05
Kufeke **)	5,85	14,12	1,3	30,50	45,70	2,53
Nestlé *	3,81	14,34	5,5	58,93	15,39	2,08
Kufeke ***)	7,8	13,7	0,3	75,7, davon 70 % wasserlöslich		1,4

Man ersieht hieraus, wie sehr sowohl Nestlé wie Kufeke später den Gehalt an löslichen Kohlehydraten gesteigert haben.

Blauberg[22]) verdanken wir eine Anzahl Analysen (Prozentzahlen) über den Mineralbestand einiger Kindermehle:

Kindermehl	Kohlehydrate	CaO	MgO	K_2O	Na_2O	Cl	SO_3	P_2O_5
Nestlé	75,6	0,26	0,01	0,6	0,11	0,17	0,07	0,31
Muffler	72,5	0,91	0,01	0,13	0,04	0,02	—	0,95
Kufeke	78,5	0,05	0,1	0,66	0,27	0,06	0,1	0,61
Rademann . . .	66,4	1,1	0,2	0,44	0,2	0,02	0,08	1,1
Knorrs Hafermehl	67	0,02	0,12	0,31	0,1	0,09	—	0,64
Theinhardts Infantina	—	0,67	0,14	0,41	0,40	0,33	0,19	0,95

Von den obigen Werten für das Nestlémehl weicht eine neuere Analyse von Albu-Neuberg[2]) erheblich ab:

Auf 100 g Trockensubstanz: 3,842 K_2O
0,703 Na_2O
1,612 CaO
0,05 MgO
0,201 P_2O_5
1,253 Cl.

Zweifel[213]) fand in 100 g Trockensubstanz: 0,29 Cl.

Diese Differenzen sind gar nicht verwunderlich. Ein Einblick in die jahrelangen allmonatlich ausgeführten Analysen des Theinhardtschen Präparates, das sich eines sehr guten Rufes erfreut, läßt ersehen, wie sehr selbst bei diesem bereits die organischen Hauptkomponenten schwanken.

Der Stickstoffgehalt ist bei den deutschen Präparaten ziemlich gleichhoch. Am höchsten bei den Theinhardtschen Präparaten. Sehr niedrigen Proteingehalt haben die französischen Kindermehle, gemäß

*) Nach Angabe des Fabrikanten.
**) Nach Angabe von Dr. Theinhardt.
***) Analyse Toerring-Escherich[194]).

der in Frankreich tradierten Anschauung von der großen Bedeutung der Darmfäulnis. Auch der Fett- und Mineralstoffgehalt hält sich bei ihnen an niedrige Zahlen.

Ungeheure Mannigfaltigkeit herrscht bei den Kindermehlen in bezug auf das Verhältnis der löslichen zu den unlöslichen Kohlehydraten. In den letzten Jahrzehnten war die Tendenz nach Steigerung der Quote löslicher Kohlehydrate unverkennbar. Einige Kindermehle haben daher ihre Komposition in dieser Hinsicht förmlich umgekehrt. Mehrere Fabrikanten „lösten" das Problem der Steigerung der löslichen Kohlehydratmenge höchst einfach dadurch, daß sie ihrem Kindermehl Malzzucker oder gewöhnlichen Zucker zusetzten. Besonders rohrzuckerreich sind die „Phosphatines".

Neuerdings scheint sich jedoch in dieser Hinsicht wiederum ein Wechsel anzubahnen. Die Pädiatrie hat in den letzten Jahren die Gefahren der Kohlehydratgärung, insonderheit der aus der schnellen Vergärung niedermolekularer Zucker und Doppelzucker entstehenden Gärungsprodukte erkannt. Es erscheint heute rationeller, entweder komplexe Kohlehydrate einzuführen, die keiner rapiden Vergärung anheimfallen, oder aber leicht vergärbare Kohlehydrate mit schwer vergärbaren zu verkuppeln.

Daher kommt der zerstoßene Zwieback wieder einmal zu Ehren, dessen Abbau durch die Länge des ganzen Darmtraktus sich vollzieht, und dessen zu schnelle Aufspaltung durch die diastasierenden Fermente man durch Röstung in Butter noch erschweren kann. In diese Rubrik gehören Rademanns Kindermehl mit 17 löslichen, 53 unlöslichen Kohlehydraten, Quaker Oats = 4:58, oder Seefeldners erprobter Nährgries 7:61, Neaves food mit 5:74, Imperial granum 6:70 und andere mehr.

Auf den Chlormangel der Kindermehle hat Zweifel[213]) besonders eindringlich aufmerksam gemacht.

Außerordentlich kochsalzarm ist nach Zweifel das Kufekemehl = 0,08 — 0,11 Proz. der Trockensubstanz.

Bei der Ernährung mit Kindermehlen hielt man eine ungenügende Zufuhr von Kalksalzen für offensichtlich und stimmte daher der Hypothese, daß bei vorzugsweiser Ernährung mit Kindermehl Rachitis oder rachitisähnliche Krankheitszustände — analog den Experimenten mit kalkarmer Fütterung — auftreten können, bei. Die Folge davon war, daß mit Milchzusatz versehene Kindermehle auf der Bildfläche erschienen und als alle Forderungen der Kritik erfüllend angepriesen und angewendet wurden — und noch heute in allen Kulturländern in Gebrauch sind. Obwohl Zweifel bereits durch Analysen von Nestlémehl auf die scheinbare Vollkommenheit der Kindermehle hingewiesen hatte.

Über den Gehalt an löslichen Kalksalzen der Kindermehle macht Zweifel folgende Angaben:

10,0 Nestlémehl enthielten	17 Proz.	lösliches,
	83 Proz.	unlösliches Erdalkali
10,0 Kufekemehl sogar	94.4 „	„ „

Der Gehalt der Kindermehle an Kalk ist also relativ groß. Aber das Erdalkali ist fast völlig in unlöslicher Form enthalten, muß daher durch die Magensalzsäure erst löslich gemacht werden — oder durch die bei der Kohlehydratgärung entstehenden Säuren*).

Die Zahl der Kindermehle ist sehr groß, man kennt über 100 verschiedene Präparate, und große Apotheken, welche internationale Kundschaft haben, halten öfters bis 50 verschiedene Kindermehle auf Lager.

Nestlés Kindermehl wird aus „bester" Schweizermilch und Weizenbrotkrusten hergestellt. Das Weizenbrot wird nach „besonderem" Verfahren bereitet.

Mufflers sterilisierte Kindernahrung: „Eine sehr glücklich gewählte Mischung aus bester Kuhmilch, frischen italienischen Eiern, feinster Süßrahmbutter, Milchzucker, Zucker und dextriniertem Speltweizenmehl." Keimfreie Packung.

Kufeke: Milchfrei. „Hochdextrinisiert". 9 Proz. Zucker.

Rademann: Dextrinisiertes Hafermehl mit Milch und Salzzusatz. Besonderes Röst- und Backverfahren.

Theinhardts Infantina: „Technisch ungemein vervollkommnete Verarbeitung von Milch-Weizenmehl, Zucker, Malz u. a."

Phosphatine Falières: (Im Westen Deutschlands viel in Gebrauch.) Mischung von Reis-, Tapioka- und Kartoffelmehl zu gleichen Teilen, gezuckertem Kakao und Kalkphosphat.

Mellins Food: Fast völlig vermalztes Weizenmehl.

Sieht man von all dem Beiwerk ab, dann hat auch heute noch Biedert im großen und ganzen wohl recht, der 1889 schrieb: „Wahrscheinlich ist das Kindermehl im wesentlichen nichts als feines Zwiebackpulver (Kinderernährung 1880. S. 285).

Vergleichende Preise (zum Teil nach Camerer in Pfaundler-Schloßmann):

$^1/_2$ Kilo	Muffler	kostet	= ca.	2,10	Mk.
„	Theinhardts Infantina	„	= „	1,90	„
„	Mellins Food	„	= „	2,50	„
„	Kufeke	„	= „	1,50	„
„	Nestlé	„	= „	1,40	„
„	Rademann	„	= „	1,40	„

Oder nach den im Handel kursierenden Packungen zusammengestellt:

1	Büchse	Rademann	= 1,00	Mk.
1	„	Theinhardts Infantina	= 1,90	„
$^1/_2$	„	„ „	= 1,20	„

---

*) Raudnitz[153]) sah übrigens beim Säuglinge keine verbesserte Kalkresorption durch Verabreichung von Salzsäure, und Schütz[181]) kam zu ähnlichen Resultaten, indem einmal die Kalkbilanz zwar günstig durch Salzsäure beeinflußt wurde, ein zweites Mal jedoch das Gegenteil eintrat.

1 Büchse Mufflers Kindernahrung = 1,40 Mk.
1 „ Nestlé = 1,40 „
1 „ Kufeke = 1,10 „

Die **Ausnutzung der Kindermehle** unterscheidet sich nicht wesentlich von derjenigen nativer Mehle. Schon Carstens wies darauf hin, daß beide in gleicher Weise zu mindestens 95 Proz. verzuckert und resorbiert werden.

Philips[149]) hat Stoffwechselversuche bei Ernährung mit dextrinisiertem und nicht dextrinisiertem Mehl angestellt, die aber die Frage nicht endgültig entschieden haben und erneut aufgenommen werden müßten.

Von vornherein ist klar, daß man bei Ernährung mit aufgeschlossenen Mehlen weniger Kotkohlehydrate finden wird, als bei nicht dextrinisierten Mehlen. Der Abbau aufgespaltener Mehle muß naturgemäß gründlicher von statten gehen als beim nativen Mehl, da Enzyme und Bakterien leichtere Arbeit haben.

Nun wissen wir aber leider bis heute noch nicht, auf welche Zwischenprodukte beim Mehlabbau es eigentlich ankommt, können also gar nicht übersehen, wie weit wir durch unser präliminares Aufschließen dem Organismus vorarbeiten können und ob wir ihm überhaupt damit einen Dienst leisten. Terrien[191]) schwebte wohl der gleiche Grundgedanke vor, als er das Prinzip der Aufschließung der Stärke bei seiner mit Sauermilch versetzten Malzsuppe dahin zusammenfaßte: „Ce qu'il faut rechercher, c'est la liquefaction, ce qu'il faut éviter, c'est la saccharification.“ Der Organismus soll also im Prinzip sein eigener Malzextraktbildner sein. Vergessen wir doch auch nicht dabei, daß die Intensität des endogenen enzymatischen Prozesses und die Leistungsfähigkeit der Gärungserreger individuell verschieden sind, wir also einem Organismus, dessen Enzymapparat kräftig und dessen saccharolytische Darmflora hochaktiv ist, einen ganz überflüssigen Dienst leisten, wenn wir denaturierte Mehle einführen. Die endogene Denaturierung der Mehle ist der springende Punkt.

Die Bewertung der Resorptionsgröße für Eiweiß und Kohlehydrate ist heute erheblich im Kurs gesunken, seit wir wissen, daß die vollkommene Schlackenfreiheit der Nahrung keineswegs immer dem Ideal der Ernährung gleichkommt. Die einzige Ausnahme bildet wohl nur die Ernährung an der Mutterbrust, die schlackenfrei und doch ideal ist.

Die bessere Resorption der dextrinisierten Mehle erlaubt daher noch keinen Rückschluß auf ihre Überlegenheit gegenüber nicht dextrinisierten Mehlen.

Ein überzeugender Einfluß auf den Stickstoffwechsel und Fettstoffwechsel läßt sich aus den Philipsschen Versuchen nicht herauslesen; der Mineralstoffwechsel blieb ununtersucht. Die Harnmengen sind leider nicht angegeben.

In den Perioden mit Theinhardtmehl erscheinen prozentual weniger flüchtige Fettsäuren im Kot als bei gewöhnlichem Weizenmehl. Es scheint also weniger dextrinisiertes Mehl bakteriell zersetzt zu sein als Weizenmehl. Philips vermutet infolgedessen im Weizenmehl einen besseren Bakteriennährboden.

Diese Folgerung ist wohl ein Trugschluß. Das dextrinisierte Mehl ist ein besserer Nährboden. Warum liefert aber das Weizenmehl mehr flüchtige Fettsäuren?

Diese Frage läßt sich durch folgende Betrachtungen beantworten. Die chemische Zusammensetzung der beiden „Nährböden" differiert sehr, was auch Philips bereits zugab.

	Weizenmehlsuppe nach Philips	Theinhardts Kindermehl (nach König-Theinhardt)
Unlösliche Kohlehydrate	75 Proz.	15 Proz.*) (noch dazu bereits denaturiert)
Lösliche „ (5 Proz. native, 10 Proz. Maltose hinzugesetzt)	15 „	53 „ *) (davon Maltose 10—20 Proz. Invertzucker 12—18 „ Dextrin 7 „)
Protein	10—12 „	16 „

Es liegt doch auf der Hand, daß beim Theinhardtmehl die Resorptionsbedingungen zweifellos günstigere sind. Es stehen sich 15 und 53 Proz. lösliche Kohlehydrate gegenüber, die infolge ihrer raschen Resorption den Bakterien entzogen werden. Beim Weizenmehl müssen 75 Proz., beim Theinhardtmehl dagegen nur 15 Proz. unlösliche Kohlehydrate abgebaut werden. Wenn man daher auf flüchtige Fettsäuren fahndet, muß man bei Weizenmehl einen höheren Prozentsatz finden.

Von weiteren Stoffwechseluntersuchungen — man müßte eigentlich annehmen, bei der Bedeutung dieser Frage für die Pädiatrie wäre ihre Zahl Legion — sind nur noch diejenigen von Concornotti[33]) zu besprechen. Sie stellen lediglich Ausnutzungsversuche über Theinhardts Infantina dar.

I. Gesunder 7 monatiger Säugling:

Periode I	1800 Vollmilch.	Versuchsdauer	2 Tage
„ II	1500 „	„	2 „
	+ 50 Infantina	(150 Milch äquikalorisch =	25 Infantina)

Resorptionsprozente.

	Stickstoff	Fett	Asche	Kohlehydrate
Periode I	89 Proz.	87 Proz.	66 Proz.	94 Proz.
„ II	95 „	96 „	70 „	97 „

Kalorienverlust im Kot: Periode I = 10,8 Proz.
„ II = 3,7 „

*) Nach Theinhardts Angabe (Mittel aus 50 Analysen: 16,72 : 53,61).

II. Dyspeptischer überernährter 13 monatiger Säugling:

Periode I	3000 Vollmilch.	Versuchsdauer je 2 Tage	
	+ 180 Brot		
„ II	800 Vollmilch	„	„ 2 „
	+ 200 Infantina		

Resorptionsprozente.

	Stickstoff	Fett	Asche	Kohlehydrate
Periode I	81,2 Proz.	80,1 Proz.	62 Proz.	88,6 Proz.
„ II	98,2 „	97,2 „	87,3 „	98,9 „

Kalorienverlust im Kot: Periode I = 18,3 Proz.
„ II = 1,8 „

Daß man in der ersten Periode infolge der Dyspepsie durch Überernährung ($1^1/_2$ Liter Milch pro Tag!) keine glänzende Resorptionsbilanz erwarten kann, ist von vornherein klar. Aber die Resorptionsbilanz der II. Periode erscheint doch fast überirdisch schön.

Zudem läßt die Technik der Untersuchungsmethoden zu wünschen übrig, da Eigenanalysen der Infantina nicht vorgenommen wurden. Auch wurden die Kohlehydrate der Fäces nur rechnerisch ermittelt. Die viel wichtigeren Retentionszahlen fehlen.

Ich glaube jedenfalls resümieren zu dürfen, daß ein überzeugender Beweis für die Überlegenheit der dextrinisierten Mehle über die genuinen Getreidemehle noch aussteht.

Die Industrie liefert uns heute in allen Kulturstaaten so tadellose preiswerte Mehle, daß man ohne die Kindermehle auskommt. Es soll nicht geleugnet werden, daß dieselben gute Dienste leisten können, aber es muß konstatiert werden, daß es durchaus unbewiesen ist, sie höher als die natürlichen Mehlprodukte zu bewerten. Die alte Ansicht, daß ein Mehl notwendigerweise aufgeschlossen sein müsse, um für die Säuglingsernährung tauglich zu sein, erklärt so manches verlangte und unverlangte lobende Gutachten mit klangvollem Namen aus früheren Jahren, mit dem Kufeke, Nestlé usw. noch heute prunken. Aber diese Anschauung hält moderner Kritik nicht mehr stand. Dort, wo das Geld keine Rolle spielt, kann man sich ruhig der Kindermehle bedienen. In den Händen des geschulten Pädiaters werden die Kindermehle zum mindesten keinen Schaden anrichten. Als Beikost für ältere Säuglinge sind sie gut zu verwenden, z. B. zur Herstellung von Puddings usw. (Hygiama).

Wenn daher noch kürzlich so scharf Opposition*) gegen die Kindermehle gemacht wurde, so ist dies zum Teil wohl auf die Art und Weise der Anpreisung und Ausschlachtung ärztlicher Namen seitens der Fabrikanten für ihre eigennützigen Zwecke zurückzuführen, wodurch der Laie irregeführt wird, zum anderen und wohl größten Teil auf die zu-

*) „Demgemäß muß man daran festhalten, daß kein einziges Mehlpräparat des Handels leistungsfähiger ist, als die . . . natürlichen Mehle“ (Langstein-Meyer[110]).

meist dilettantenhaften Ernährungsvorschriften, welche den Kindermehlen beigegeben sind.

Dieser diätetischen Schundliteratur, deren Umfang jeden Begriff überschreitet, gilt im Grunde der Kampf gegen die Kindermehle. Unter der Marke des populär-wissenschaftlichen Biedermanns, unter der Devise: „Babys Wohl über alles" dringt der Nährmittelfabrikant mit Broschüren und Prospekten in Palast und Hütte aller Kulturländer und stiftet — gewiß ohne es zu wollen — Verwirrung und Unheil und arbeitet einerseits dem denkenden Arzte entgegen oder verleitet andererseits den mechanisch arbeitenden zur Kapitulation: „Machen Sie es nur so, wie es auf dem Prospekt steht." Wieviel hundertmale wird diese Phrase wohl täglich von Ärzten ausgesprochen!

Und in dem Prospekt steht beispielsweise: „Im Anfang wird dem Kinde am Tage alle 2 Stunden und nachts zweimal die Brust gereicht". Bei künstlicher Ernährung ebenfalls „6 Mahlzeiten am Tag, 2 in der Nacht bis zum Alter von 4 Monaten". (Nestlé-Prospekt von Dr. Vidal 1904.)

Die Gesamtflüssigkeitsmenge beträgt bei Theinhardt (1910) im 6. Monat bereits 1 Liter, im 12. Monat 1200—1425. Muffler empfiehlt in der heißen Jahreszeit oder bei Mangel an einwandfreier Milch sein Kindermehl nur mit Wasser aufgekocht zu reichen und berichtet über glänzende Erfolge eines derartigen, mehrere Monate hindurch fortgesetzten Ernährungsmodus!

Czerny-Keller lehnen die Kindermehle ab. Escherisch[46]) äußert sich diesbezüglich wie folgt: „Nur die elegante Packung*), die feinere Pulverisierung und die raschere Quellbarkeit hat die Kindermehle dauernd in der Gunst des wohlhabenden Publikums erhalten. Indes gilt auch für diese, daß sie unter keinen Umständen als ausschließliche Ernährung für Säuglinge, sondern nur als zweckmäßiger Zusatz zur Milchnahrung verwendet werden sollen."

Nur bei der Behandlung von Verdauungsstörungen finden die Kindermehle nach Escherich, Baginsky, Biedert, Monti eine spezielle Indikation. Bezüglich dieses letzteren vermittelnden Standpunktes stehen Escherich und die genannten Autoren aber auch im Gegensatz zu vielen Pädiatern. Heubner erwähnt gelegentlich Kufeke und Theinhardt. Als Langstein**) auf dem Königsberger Kongreß (1910) aussprach, daß die Kindermehle entbehrlich seien, erhob sich nicht eine Stimme für dieselben.

*) Ferner wohl auch das meist angenehme Aroma und der unleugbar größere Wohlgeschmack gegenüber gewöhnlichen Mehlen.

**) Langstein und Meyer[110]) geben zu, daß man die Kindermehle gelegentlich in der Praxis verwenden kann „wegen der bequemen Zubereitung". Ich habe die Erfahrung gemacht, daß diese Empfehlung nicht für alle Kindermehle Geltung hat. Es gibt einige weitverbreitete Kindermehle — nomina sunt odiosa —, deren Zubereitung sich in nichts von derjenigen einer Hafer- oder Weizenmehlsuppe unterscheidet. Viele Kindermehle sind allerdings selbst in kaltem Wasser ausgezeichnet löslich.

Auch viele französische Pädiater nehmen zu dieser Frage die gleiche Stellung ein, wie die überwiegende Anzahl der deutschen: „Il n'y a aucune raison pour les préférer aux farines simples", — schreibt Roux[165]).

Die Kindermehle ganz auszuschalten, wird nie erreicht werden, solange Uneinigkeit selbst in ärztlichen Kreisen über ihren Wert oder Unwert herrscht und solange eine rücksichtslose Reklame für die Fabrikanten arbeitet.

Bei den Müttern ist von altersher die Anschauung eingewurzelt und wird sich wohl nie ausrotten lassen, daß der ganz junge Säugling eigentlich etwas Besseres haben müsse, als die so wenig substantielle Zuckerwasserverdünnung der Milch. Und daher greifen die bemittelten Stände nur zu gern zu den Kindermehlen, während die armen und die ärmsten sich mit Zwieback, Semmeln und den billigen natürlichen Mehlen begnügen.

Rohnährstoffe, ausnutzbare Nährstoffe und Kalorienwerte. (Nach König.)

	Rohstoffe					Ausnutzbar				Roh-kalorien	Rein-kalorien
	N	Fett	Kohlehydrate löslich	Kohlehydrate unlöslich	Asche	N	Fett	Kohlehydrate löslich	Kohlehydrate unlöslich		
Nestlés Kindermehl	9,94	4,13	42,75	37,7	1,75	8,45	4,1	41,89	31,23	4050—4150	3713
Mufflers „	14,37	5,8	27,41	44,22	2,4	12,21	5,22	26,86	39,8	4039	3742
Kufekes „	13,24	1,69	23,71	50,17	2,23	10,59	1,18	68,86		3752—3820	3376
Rademanns „	14,15	5,58	17,29	52,74	3,93	12,03	5,02	16,94	47,47	4004	3625
Theinhardts Kindernahrung	16,35	5,18	52,60	16,87	3,54	13,9	4,66	51,55	15,18	4020	3774
Weizenmehl	10,68	1,13	74,74			8,65	0,85	73,62		3011	3442
Roggenmehl	9,62	1,44	73,84			6,73	0,86	69,78		3552	3196
Gerstenmehl	12,29	2,44	68,47			8,60	1,46	64,33		3559	3124
Hafermehl	14,42	6,78	66,41			10,53	4,06	63,09		3984	3410
			Stärke					Stärke			
Weizenstärke	1,13	0,19	84,11			0,79	0,08	81,59		3437	3309
Mondamin	1,2	0,01	85,11			0,84	—	82,56		3463	3343
Kartoffelstärke	0,88	0,05	80,68			0,62	0,02	78,26		3274	3162

VII. Schlußbetrachtungen.

Aus meinen Ausführungen geht hervor, daß die Rolle des Mehles bei der Säuglingsernährung noch keineswegs klargestellt ist. Es sind nur neue Grundlagen geschaffen, von denen das Problem weiter studiert werden kann. In allererster Linie müssen frühere Untersuchungen über den Stickstoffstoffwechsel und den Mineralumsatz, die der damals noch unterschätzten Differenz zwischen Mehl und Zucker und der einzelnen Mehle untereinander nicht Rechnung getragen haben, erneut aufgenommen werden. Bei der großen Verschiedenheit der Zucker- und Mehlwirkung ergibt sich die Notwendigkeit, festzustellen, wie der organische und anorganische Stoffwechsel von ihnen beeinflußt wird, wenn sie für sich oder kombiniert zur Ernährung verwendet werden.

Von der großen Bedeutung der sauren Reaktion habe ich mehrfach gesprochen und die Rolle der Gärungssäuren für alle Teilgebiete des Stoffwechsels beleuchtet. Auch für den Kohlehydratstoffwechsel gilt das Grundgesetz: kleine Mengen organischer Säure tonisieren, große hemmen den Kohlehydratabbau.

Ein alkalisches Milieu ist ein ungünstiger Boden für die Diastasierung. 0,5 proz. Milchsäuregehalt begünstigt, 1 proz. hemmt die Wirkung der Maltase. Werden wässerige schwach alkalische Malzinfuse mit Milchsäure neutralisiert, so steigt das Saccharifizierungsvermögen an (Petit[146]).

Die Bedeutung der Kohlehydrate, ja ihre Unentbehrlichkeit für den Ablauf gewisser Lebensprozesse, beispielsweise die Wärmeregulierung, ist bekannt.

Es ist bisher nicht untersucht, ob zwischen Mehlen und Zuckerarten in dieser Hinsicht Unterschiede bestehen. Mir scheinen dieselben nicht unwahrscheinlich zu sein. Fast alle Mono- und Disaccharide führen in der Hauptsache oder doch im letzten Grunde zur Zoamylie, bei den Mehlen scheint die Glykogensynthese weniger im Vordergrund zu stehen, als vielmehr die Bildung anhepatischen, leicht verbrennbaren oder Gärungssäuren bildenden Kohlehydrates. Daß es bei den Mehlen natürlich auch immer zu einer partiellen Glykogenbildung kommen muß, ist selbstverständlich.

Das Kohlehydratminimum für den Säugling bedarf noch genauerer Fixierung. Der Organismus gewöhnt sich im Bedarfsfalle an sparsame Wirtschaft mit Kohlehydrat und stellt sich auf ein Verbrauchsminimum ein. Beim Erwachsenen schätzt Rosenfeld[161]) die unterste Grenze des Kohlehydratbedarfs auf 30—40 g ein.

Rubner hat darauf aufmerksam gemacht, daß nach ausgeschalteter chemischer Regulation die Kohlehydrate diejenigen Stoffe seien, die am wenigsten wärmemehrend sind, deren Gabe sich also am besten mit der Einwirkung hoher Temperaturen verträgt.

Die Bedeutung des Glykogengehaltes der Leber für ihre Tätigkeit als entgiftendes Organ ist bekannt. Je größer die Glykogendepots, um so höher die Fähigkeit in dieser Hinsicht. Wenn nun andererseits beim Mehlnährschaden häufig Fettlebern angetroffen werden, so liegen hier die Verhältnisse kompliziert. In diesem Falle kursiert entweder nur anhepatisches Kohlehydrat, dann ist die Fettleber verständlich, oder aber es spielen infektiöse Prozesse mit sekundärer Leberverfettung eine Rolle. Das Fehlen einer Fettleber spricht gegebenenfalls nicht gegen die Abwesenheit eines oder beider Momente, denn bei Fettarmut des Organismus kann es nicht zur Fetteinwanderung in die Leber kommen.

Über etwaige differente Beziehungen der Mehle und Zucker zu diesem entgiftenden Vermögen der Leber sind mir Untersuchungen nicht bekannt geworden.

Die Leber hat ferner in einer anderen Hinsicht Bedeutung für den Kohlehydratstoffwechsel: sie beeinflußt die ihr zuströmenden Kohlehydrate so, daß sie als Zündstoffe für die Fette dienen können, denn ohne die Leber kursiert anhepatisches Kohlehydrat, das die Fettverbrennung nicht in die Wege leiten kann.

Die große Bedeutung der Mehle für die Zerstörung der Acetonkörper habe ich schon mehrfach erwähnt.

Das Extrem der Kohlehydratwirkung: die Fettmast, bedarf keiner weiteren Besprechung.

Die Lehre von der Ernährung des Säuglings kennt so wenig eine Indikation für Mästung mit Mehl oder Zucker wie mit anderen Nährstoffen*). Von der Eigenschaft der Kohlehydrate, in sinngemäßer Dosierung Fett zu sparen, ziehen wir natürlich ausgiebig Nutzen.

Daß bei abundanter Fütterung mit Mehlen auch eine Fettmast stattfindet, ist nicht zu bezweifeln; doch muß die Zufuhr eine exzessiv große sein.

Beim Säugling ist die Wirkung der Mehle eine eiweiß- und fettsparende, den Wasseransatz stark steigernde.

Möglicherweise haben die Mehle, selbst in den kleinen Mengen, die man dem Säugling zu geben pflegt, eine noch nicht zu übersehende biochemische Bedeutung für die Darmflora.

Die hohe Bedeutung der Mehle bei der Therapie der Säuglingstetanie, bei der exsudativen Diathese und Rachitis, bei dyspeptischen Störungen älterer Kinder habe ich bereits erwähnt.

Im übrigen sei darauf hingewiesen, daß diese Erörterungen vielfach nur Vermutungen sind, die noch exakter Stütze durchaus entbehren. Jedenfalls scheint auch die eklatante Wirkung des Mehles als zweiten Kohlehydrates auf diese einfache Weise keineswegs geklärt. Es liegt nahe, anzunehmen, daß eine Kombination von hepatisch und anhepatisch verarbeitbarem Kohlehydrat beim Säugling möglicherweise den springenden Punkt darstellt.

Eine Vorahnung dieser neuen Gedankengänge und der mutmaßlichen Beziehungen des Mehles zum intermediären Kohlehydratstoffwechsel hat Langstein[111]) gelegentlich seiner Mitteilung über einen Diabetesfall beim Säugling geäußert. Er nahm die Naunynsche Vermutung, daß bei der Haferkur vielleicht „leicht oxydable" Körper gebildet werden, die antiketoplastisch wirken könnten, auf und übertrug sie auf die Wirkung des Mehles als zweiten Kohlehydrates.

Die ausschließliche Vergärung, die vorherrschende Bildung anhepatischen Kohlehydrates sowohl wie das Gegenteil, der einseitige Abfluß der Kohlehydrate auf glykogenem Wege dürfte nicht dem wünschenswerten optimalen Zustande entsprechen. Vielleicht findet sich dagegen

*) Ich sehe hier von der „Caseinmast" bei der Reparation ernährungsgestörter Säuglinge ab. Diese Frage ist noch nicht eindeutig entschieden.

dieses Postulat erfüllt, wenn Mehl als zweites Kohlehydrat eine Lücke im Kohlehydratstoffwechsel ausfüllt.

Eine Indikation freilich dafür anzugeben, wann Weizenmehl, wann Hafermehl, wann hepatisches, wann anhepatisches Kohlehydrat erforderlich ist, setzt voraus, daß die Kenntnisse von der Physiologie der künstlichen Ernährung des Säuglings, insonderheit des Kohlehydratstoffwechsels, aus den Anfängen heraus sind, in denen ihr Studium noch steht. Ergeben sich doch schon größte Schwierigkeiten, wenn wir uns an die Verhältnisse beim Brustkinde erinnern. Hier herrscht sicher intensive Vergärung; die Menge des gebildeten hepatischen Kohlehydrates ist gering, bzw. wird ganz geleugnet, und dennoch besteht der optimal wünschenswerte Zustand.

Eine der beststudierten Indikationen für die Zulage von Mehl zur Milch, mit oder ohne Zusatz von Malzextrakt, bildet der Milchnährschaden. Die Wirkung beruht hier wohl in erster Linie auf der Verminderung des Milchfettes, die sich durch entsprechenden Zusatz — aber nicht unter kalorischem Gesichtspunkte — von Kohlehydrat ermöglichen läßt. Neben der Ausschaltung des sicher pathologisch bedeutungsvollen Milchfettes — also einem negativen Moment — müssen aber auch andere primäre Faktoren wirksam sein.

Man hat hier von jeher an Beziehungen der Gärungsprodukte zum Mineralstoffwechsel gedacht. Vielleicht führen die Gärungssäuren zur überwiegenden Bildung löslicher, fettsaurer Salze oder bringen unlösliche Salze in Lösung, eine Überlegung, der auch Hecht[70]) und v. Reuß[154]) Raum geben. Diese Frage ist experimenteller Forschung unschwer zugänglich.

Hecht[71]) erklärt sich die günstige Wirkung der Kohlehydrate ohne Verminderung der Fettmenge in der Nahrung bei Fettnährschäden derart, daß infolge vermehrter Anwesenheit von niederen Gärungssäuren die Bildung der wasserunlöslichen Kalkseifen verhindert wird, und die aus der Fettspaltung resultierenden hohen Fettsäuren vorherrschen, die in dieser Phase resorbiert werden können.

Gegen diese Auffassung ist leider einzuwenden, daß neuere Untersuchungen ergeben haben, daß zwischen Fettsäuremenge und Kalk im Stuhl kein Parallelismus besteht. Die ausgeschiedene Kalkmenge übertrifft meist die der Säuren um ein Vielfaches. Daher finden die freien hohen Fettsäuren im Darm stets Kalk zur Absättigung disponibel.

Eine Reihe neuerer hierhergehöriger Beobachtungen verdanken wir Helbich[74]), der den Einfluß der Variation von Kohlehydraten — bei gleichbleibendem hohen Fettgehalt der Nahrung — auf das klinische Verhalten des Säuglings studierte. Aus den Gewichtskurven Helbichs geht hervor, daß nicht immer Ersatz des Fettes durch Kohlehydrat nötig ist, um Gedeihen zu erzielen, sondern daß dies auch bei unveränderter Fettmenge — und reduzierter Molkensalzquantität — gelingt. Hierbei ist aber die Qualität des Kohlehydrates ausschlaggebend. Durch Steigerung des Milchzuckergehaltes wird fast nie etwas erreicht, auch

Rohrzucker ändert nicht viel am Gesamtbild. Dagegen führen malzzuckerhaltige Präparate oder Mehl sofort zum Erfolg, sei es als Ersatz eines der obengenannten Disaccharide, oder als Zulage zu ihnen. Helbich bringt eine Reihe von präzisen Ersatzversuchen*). Wir sehen aus ihnen, welchen prompten Erfolg der Ersatz von Milchzucker durch Mehl zur Folge hat bei, wie schon bemerkt, unverändert hoher Milchfettmenge**). Wir lernen andererseits wieder Gewichtskurven kennen, wo das Mehl als Ersatz — oder als Zulage zu Milch-Rohrzucker — noch erfolglos bleibt und erst Malz den Ausschlag gibt.

Ich erinnere andererseits an Beobachtungen Kellers, bei denen ein Ernährungserfolg nicht durch Malzzulage allein, sondern erst durch Addition von Mehl erreicht wurde.

„Nach unseren Erfahrungen ist der Zusatz von Mehl zu der Malzsuppe absolut notwendig" (Keller).

„Meine wissenschaftlichen Untersuchungen sind noch nicht so weit gediehen, um mir eine Erklärung zu bringen, warum das Weizenmehl ein so notwendiger Bestandteil unserer Malzsuppe ist. Daß es aber notwendig ist, das haben unsere praktischen Versuche mit voller Sicherheit bewiesen. Denn jedesmal, wenn wir versuchten, das Mehl in der Zubereitung der Suppe wegzulassen und Kinder mit Malzsuppe, die kein Weizenmehl enthielt, deren Zusammensetzung im übrigen unverändert war, zu ernähren, erkrankten die betreffenden Kinder, und zwar traten stets akute Magendarmerscheinungen auf, die uns zwangen, den Versuch aufzugeben" (Keller).

Als erfolgreichste Kohlehydraternährungstherapie hat sich jedenfalls seit langem die Kombination Malz + Mehl erwiesen. Beide getrennt für sich genügen häufig nicht, wenigstens nicht beim typischen Milchnährschaden. Mehl noch weniger als Malz. Einer Erklärung dieser komplizierten Wechselwirkungen ist zurzeit noch ganz unmöglich.

Stoffwechseluntersuchungen unter Zugrundelegung der Versuchsanordnung auf Kurve 2 und 3 von Helbich (Fettmilch + $3^1/_2$ Proz. Milchzucker bzw. $3^1/_2$ Proz. Mehlsuppe) dürften lohnende Aufklärungen bringen.

Würden sich die Helbichschen Untersuchungen bestätigen — ich betone nochmals, daß das geringe klinische Beweismaterial keineswegs ausreicht, um die Frage, die er aufgerollt hat, zu entscheiden — dann wären wir in der Ernährungstherapie einen Schritt weitergekommen. Bis jetzt mußten wir beim Milchnährschaden das Fett stark reduzieren und so einen bedeutungsvollen Faktor aus dem harmonischen Verband der Nährstoffe in den Hintergrund drängen. Auf die Dauer aber muß der Ausfall eines Elementes, wie des Nahrungsfettes, als ein aphysiologischer Zustand bewertet werden. Aus diesem Grunde behielt ja auch seinerzeit Liebig die Vollmilch in seiner Suppe bei. Der Ersatz der Milch durch Erbsenmehl mißlang. Der große Chemiker erkannte richtig,

*) Vergleiche die Kurven 2 und 3.
**) Auch ein Prinzip der Liebigsuppe!

„daß eine gewisse Menge Fett in der Nahrung des Kindes überaus nützlich, vielleicht ganz unentbehrlich“*) sei.

Die oben skizzierte Form der optimalen Kohlehydratdarreichung; Kombination eines leicht und eines schwer vergärbaren Kohlehydrates beweist übrigens drastisch die Unzulänglichkeit isodynamer Spekulationen und die Richtigkeit der Betrachtung nach isokerdischen (Schloßmann) Gesichtspunkten.

Von diesem Gesichtspunkt aus — Kombination von hepatischem und anhepatischem Kohlehydrat — sind Kurven, wie beispielsweise Nr. 2 von Helbich (Säugling Elisabeth M.), einer Erklärung zugängig.

In Periode I (Fettmilch + 5 Proz. Nährzucker): Gewichtsstillstand, in Periode II (Ersatz des Milchzuckers zur Hälfte durch Mehl): Gewichtsanstieg. Periode III (Mehl fortgelassen und durch Milchzucker ersetzt): Gewichtsstillstand, „ein Spiel, das sich auch weiterhin wiederholt“.

Hier liegen die Verhältnisse durchsichtig. In Periode I, III, V: Vergärung des Milchzuckers. Es fehlt jede Andeutung der Nutzung des Kohlehydrates als Zucker. In II, IV, VI Kombination von hepatischem und anhepatischem Abbau. Gärungsdepression bei Kombination von Milchzucker und Weizenmehl. Verwertung des Weizenmehles wohl größtenteils als Zuckerstufe: Gewichtszunahme, Glykogenablagerung. Wasserretention.

Dagegen läßt sich die Gewichtskurve des Säuglings Arthur H. nur vermutungsweise deuten (siehe schematisierte Kurve 3).

Die Kurve beginnt völlig analog der obigen: bei Milchzucker mangelhaftes Gedeihen, bei Ersatz durch Mehl glänzende Zunahme. Also auch hier die gleichen, bereits oben gekennzeichneten Abbaumodalitäten. Nun aber scheiden sich die Wege. Bei Rückkehr zur ursprünglichen Milchzuckernahrung erfolgt kein Rückschlag, sondern der Gewichtsanstieg geht ununterbrochen weiter.

Hier bewegt sich im Gegensatz zu dem ersten Säugling (E. M.) der Kohlehydratstoffwechsel im gleichen Sinne weiter wie bei Mehlkost. Während der Mehlperiode hat also eine Umstimmung des Oranismus Platz gegriffen, eine Allergie gewissen Nahrungsbestandteilen gegenüber.

Der Milchzucker, der vorher ohne ersichtlichen Nutzeffekt für den Organismus war, wird jetzt, nach Interpolierung der Mehlsuppenperiode, ausgezeichnet verwertet, nicht anders, wie beispielsweise vom Brustkind. (Ahmt doch übrigens die Helbichsche „Fettmilch“ die Komposition der Frauenmilch nach.)

Man erlebt derartige allergische Reaktionen auf ernährungsphysiologischem Gebiet häufig genug beim Abstillen. Wie oft versucht man abzustillen und sieht sich genötigt, den Versuch wieder abzubrechen infolge der ungünstigen Reaktion des Organismus auf die künstliche Beinahrung. Unternimmt man nach mehreren Wochen oder Monaten das gleiche, so gelingt das Absetzen nunmehr. Die Therapie bestand hier

*) Zitiert nach Keller, Malzsuppe.

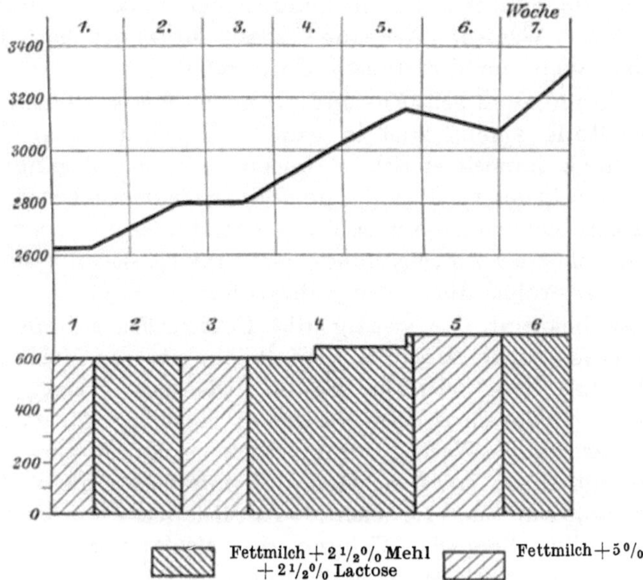

Kurve 2 (nach Helbig).

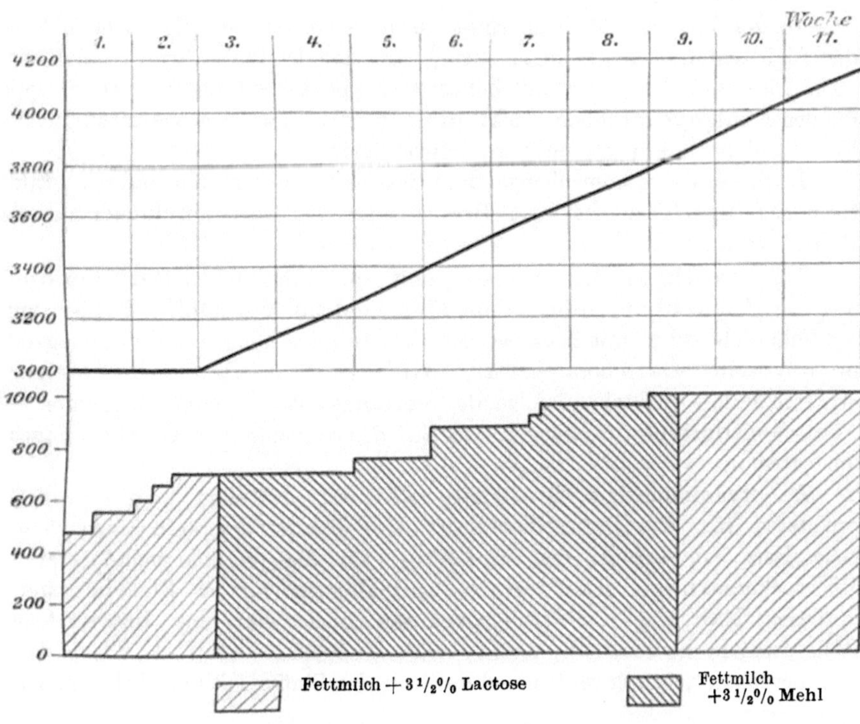

Kurve 3 (nach Helbich).

also in nichts anderem als in geduldigem Abwarten; man ließ den Säugling älter werden. Wie lange man abzuwarten hat, dafür fehlt bisher aber auch nur der kleinste Fingerzeig.

Ich glaube, daß beim Zustandekommen dieser Allergie die Darmflora eine Rolle spielen muß, in welcher Weise, das ist freilich unklar. Wahrscheinlich handelt es sich in diesen Fällen um Säuglinge, bei denen die Chymusinfektion nicht zu der gewohnten harmonischen Symbiose der verschiedenen Darmmikroben geführt hat, bei denen dieser oder jener Typ vorwaltet oder zurückgedrängt ist. Infolge davon resultieren Störungen im enteralen Abbau der Nährstoffe*).

Es ist bekannt, wie günstig die Frauenmilch auf die Gestaltung der Darmflora wirkt (Moro[136]). Vielleicht übt das Mehl einen ähnlichen Einfluß aus, der in Fällen wie dem obigen zur Folge hat, daß der Organismus einen Nährstoff nutzbringend verwertet, demgegenüber er einige Wochen vorher noch insuffizient war. In anderen Fällen gelingt diese Transformation der intestinalen Flora durch Mehl nur sehr langsam oder gar nicht. Endlich sehen wir beim Säugling E. M., daß die allergische Wirkung des Mehls sofort aufhört, sobald dieses Kohlehydrat wieder ausgeschaltet wird.

An diesen Ausführungen ist viel hypothetisch. Aber Untersuchungen über die Biologie der Darmflora wären wohl geeignet, hier Licht zu schaffen.

In der internen Medizin bringt man jedenfalls, wie die Entwicklung der Diabeteslehre zeigt, dieser Frage in den letzten Jahren mehr und mehr Interesse entgegeu und behandelt die Bedeutung der Darmflora für den Kohlehydratabbau direkt und indirekt (als excitosekretorischen Faktor) nicht mehr als quantité négligeable.

In diesem Zusammenhange darf ich wohl auch an die jedem Praktiker geläufige Tatsache, daß Brustkinder viel eher amylaceenhaltige Beikost vertragen als Flaschenkinder, erinnern.

Dem Brustkind mit seiner exquisit saccharolytischen Darmflora gelingt der Mehlabbau leicht. Dem Flaschenkind, das infolge Ernährung mit Vollmilch oder mit Zuckerwasser verdünnter Milch eine vorwiegend proteolytische Darmflora besitzt, wird er Schwierigkeiten bereiten. Wahrscheinlich entstehen infolge des verlangsamten — oder abnormen — Abbaues niedere Gärungssäuren, worauf die dyspeptischen Erscheinungen hindeuten.

Zu berücksichtigen ist ferner, daß das Auftreten von Gärungsprodukten für die Darmschleimhaut des Brustkindes kein ungewöhnlicher Reiz ist infolge der Anpassung an die physiologische starke Milchzuckergärung. Das Gegenteil gilt dagegen für das Flaschenkind, in dessen Nahrung die Gärungsprozesse bisher nur eine bescheidene Rolle gespielt haben.

Berücksichtigung verdient schließlich der Einfluß mit der Nahrung zu-

*) Ich habe schon mehrfach erwähnt, daß mir für den Kohlehydratstoffwechsel die Darmflora von größerer biologischer Bedeutung erscheint als die Enzyme.

geführter Salze auf den Mehlabbau. Meine Untersuchungen haben gezeigt, daß bestimmte organische und anorganische Salze die Mehlvergärung steigern, während andere sie unbeeinflußt lassen. Ein Einfluß der Molkesalze nach dieser Richtung hin wäre des Studiums wert.

Daß dieser Punkt reelle Beziehungen zur Praxis der Ernährung hat, dafür spricht mancherlei. Noch jüngst machte Grosser[66]) Mitteilungen über die darmschädigende Wirkung des Milchzuckers.

Wurde bei Eiweißmilchdiät der leicht resorbierbare Soxhletsche Nährzucker durch den schwer resorbierbaren und intensiv vergärbaren Milchzucker ersetzt, dann traten gelegentlich so starke Gärungserscheinungen auf, daß man wieder zum Nährzucker zurückkehren mußte.

Mit Recht macht Grosser für diese rapide Steigerung der Gärungsprozesse die Molkebestandteile der Eiweißmilch verantwortlich.

Ich erinnere ferner an die Studien E. Müllers[133]) über molkenreduzierte Milch: Molkenarmut ermöglicht eine hohe Fettzufuhr, die sonst unmöglich wäre.

Finkelstein und Meyer[57]) sprechen sich dahin aus, daß je weniger konzentriert die Molke ist, um so weniger leicht die gleiche Menge von Kohlehydrat abnormer Zersetzung anheimfalle.

Es wird endlich der Zusatz von Kal. carbonicum zur Malzsuppe dadurch unserem Verständnis nähergerückt.

Liebig selbst gab für die Alkalisierung seiner Suppe eine etwas farblose Begründung: In den menschlichen Nahrungsmitteln überwiegen weitaus die Kalisalze gegenüber den Natriumverbindungen. Dasselbe gelte für die Milch, den Muskelsaft, die Zusammensetzung der roten Blutkörperchen.

Keller erweiterte dann später diese dürftige Motivierung. Die Gewebsasche besteht fast ausschließlich aus Kalisalzen. Bei der Säuglingsatrophie wird Gewebssubstanz eingeschmolzen. Durch die Acidose geht also in erster Linie Kalium in Verlust.

Wenn ferner aus dem Abbau der Milch-Mehl-Malzextraktnahrung sich neue, möglicherweise unverbrennliche Säuren herleiten sollten, dann stellt der Kalizusatz eine prophylaktische Maßregel dar.

Ähnlich zieht auch Mossé bei seiner Kartoffelkur den hohen Kaligehalt der Kartoffel (1 kg Kartoffeln enthält ebensoviel Alkali wie 1 l Vichywasser) als Heilfaktor in Berechnung. Denn das Kalium vermöge die Glykolyse energischer zu befördern als das Natrium und sei auf jeden Fall dort in erster Linie indiziert, wo es sich um die Bekämpfung der „Diathèses acides et maladies par ralentissement de la nutrition“ handele.

Die neuesten gärungsphysiologischen Untersuchungen endlich haben die Zweckmäßigkeit des Kal. carbonicum-Zusatzes experimentell bewiesen.

Ich erinnere hier an die Studien Stocklasas „Über die zuckerabbaufördernde Wirkung des Kaliums“ und an meine eigenen Untersuchungen über die Bedeutung des Kaliums für den Abbau der Mehle.

Über den Mechanismus der Mehlwirkung kann man also vorläufig nur Vermutungen äußern, aber keine Tatsachen vorbringen. So viel erscheint sicher, daß die Bedeutung der Mehle für den Säugling nur zum kleinsten Teil in ihren Beziehungen zur Zuckerbildung beruht. Dagegen dürften die beim Mehlabbau entstehenden Gärungsprodukte mit ihren uns noch wenig bekannten Relationen zum Stoffwechsel der Kraftspender und der Mineralien den Kern des Probl ems bilden.

Anders liegen die Verhältnisse beim Erwachsenen. Wir haben gesehen, daß die Verwertung der Amylaceen je nach der Beschaffenheit des Milieus, welches sie im Darm vorfinden, sowohl hepatisch wie anhepatisch oder kombiniert geschieht. Ob sich normalerweise aus der einen oder anderen Verwertungsweise mehr Vorteile für den Stoffhaushalt ergeben, ist noch völlig unbekannt.

Unter Berücksichtigung der Kost, die der erwachsene Mensch zu sich zu nehmen pflegt, ist anzunehmen, daß der Mehlabbau normalerweise in der Hauptsache hepatisch vonstatten geht und nur ein geringer Bruchteil vergärt wird.

Der Abbau der Kohlehydrate — in erster Linie der Amylaceen, aber selbst auch der Biosen und Hexosen — ist keine unveränderliche Größe, sondern schwankt nach Maßgabe der Umstände innerhalb einer gewissen Breite. Hierzu gehören die physikalische Vorbehandlung der Amylaceen, die Beigabe von Katalysatoren, Fehlen oder Anwesenheit von Fleisch und endlich Beschaffenheit der Darmflora. Die Lebenstätigkeit der intestinalen Gärungsflora wird durch eine Fleisch-Fettkost auf ein Mindestmaß eingeschränkt.

Für die Pathologie des Stoffwechsels erweist sich diese Relativität des Mehlabbaues aber von höchster vitaler Bedeutung. Wenn eine Reihe von Hilfsmomenten sich vereint, gelingt es beispielsweise dem diabetischen Organismus, aus der Labilität des Mehlabbaues Nutzen zu ziehen, das Stärkekohlehydrat hauptsächlich zu vergären und auf anhepatischem Wege zu verwerten.

Literatur.

1. Adrian, Bull. gén. de thérap. **146.**
2. Albu-Neuberg, Mineralstoffwechsel. Berlin 1906.
3. Andérodias-Marfan-Cruchet, La Pratique des maladies des enfants 1909
4. Arany, Zeitschr. f. phys. u. diät. Therap. **13.** 1909/10.
5. Aron und Klempin, Biochem. Zeitschr. **9.**
6. Baer, Habilitationsschrift. Straßburg 1907.
7. Balas, zit. nach Pohl.
8. Ballot, zit. nach Jacobi.
9. Baumgarten und Grund, Deutsch. Arch. f. klin. Med. **104.**
10. Beijerinck, zit. nach Kruse.
11. Benedikt-Ulzer, Analyse der Fette. Berlin 1908.
12. Bertrand und Weisweiller, Ann. de l'Instit. Pasteur 1906.
13. v. Bergmann und Reicher, Zeitschr. f. exper. Path. u. Therap. **5.**
14. Bergmann, Skandinavisches Arch. f. Physiol. **18.**
15. Bidder und Schmidt, zit. nach Vierordt.
16. Biedert, Die Kinderernährung. Jahrb. f. Kinderheilk. **11.** 1880.
17. Bienstock, Arch. f. Hyg. **36. 39.**
18. Biernacki, Zentralbl. f. d. ges. Phys. u. Path. d. Stoffwechsels 1908.
19. Bierry und Frouin, Malys Jahresberichte. **36.**
20. Bischler, zit. nach Czerny-Keller. **1.**
21. Blauberg, Zeitschr. f. Biol. 1900.
22. — Arch. f. Hyg. 1896.
23. Blum, Münchner med. Wochenschr. 1911. Nr. 27.
24. Blumenthal, Virchows Arch. **146.** 1896.
25. Brahm, Med. Klin. 5. Jahrg.
26. Brücke, Handb. d. Phys. v. Hermann. **5.** Teil 2.
27. Buchner und Meisenheimer, Malys Jahresberichte 1907.
28. Carstens, Verhandl. d. Gesellsch. f. Kinderheilk. 1895.
29. Chapin, Arch. of Pediatrics. **16.**
30. Czerny-Keller, Des Kindes Ernährung usw. Teil 1.
31. Cishin, zit. nach Pawlow in Nagels Handb. d. Phys.
32. Cobliner, Jahrb. f. Kinderheilk. **73.**
33. Concornotti, La Pediatria 1909.
34. Constantinidi, Zeitschr. f. Biol. 1887.
35. Cramer, Untersuchungen über Hemicellulosevergärung. Inaug.-Diss. Halle 1910.
36. Crusius, zit. nach Lohrisch.
37. Dassein, Gaz. des hôpit. 1874.
38. Demme, zit. nach Gregor.
39. Drews, Zentralbl. f. inn. Med. 1897.
40. Ducamp, Thèse de Lille 1907.
41. Duclaux, Traité de Microbiologie.
42. Ellenberger und Hoffmeister, zit. nach Cramer.
43. Ellenberger, Physiologie der Haussäugetiere. 1890.

44. Emmerling, zit. nach Czerny-Keller. 1.
45. Escherich, Die Tetanie der Kinder. 1909.
46. — Österreichische Ärztezeitung 1908.
47. — Jahrb. f. Kinderheilk. 27.
48. Fernbach, zit. nach Terrien.
49. Fischbein, Therap. Monatshefte 1910.
50. Filatow, Kurzes Lehrb. d. Kinderkrankh. 1897.
51. Finkelstein und Meyer, Über Eiweißmilch. Berlin.
52. Fleig, Malys Jahresberichte 1904.
53. Flögel, Über Selbstgärung von Mehl. Inaug.-Diss. Würzburg 1906.
54. Fofanow, Zeitschr. f. klin. Med. 72.
55. Forster, Zeitschr. f. Biol. 1876.
56. Fowler, Amer. Journ. of Obstetrics 1882.
57. Freund, Biochem. Zeitschr. 16.
58. — Jahrb. f. Kinderheilk. 48.
59. Fuhrmann, zit. nach v. Reuß.
60. Geisendörfer, Über die Säurebildung in Mischungen von Mehl und Wasser. Inaug.-Diss. Würzburg 1904.
61. Gigon und Rosenberg, Malys Jahresberichte. 38.
62. Grammienitzky, Ebenda. 38.
63. Gregor, Arch. f. Kinderheilk. 29.
64. Grimbert, zit. nach Czerny-Keller.
65. de Groot, zit. nach Kruse.
66. Grosser, Zeitschr. f. Kinderheilk. 2. Heft 6.
67. Haacke, Arch. f. Hyg. 1902.
68. Hammarsten, zit. nach Nagao.
69. Harden und Young, zit. nach Stocklasa. (Zeitschr. f. phys. Chem. 62.)
70. Hecht, Die Fäces des Säuglings. 1910.
71. — Verhandl. d. Gesellsch. f. Kinderheilk. z. Salzburg 1909.
72. Hedenius, Arch. f. Verdauungskrankh. 1902.
73. Hefter, Technologie d. Fette u. Öle. Berlin 1908.
74. Helbich, Monatsschr. f. Kinderheilk. 9. Heft 7.
75. Henneberg und Stohmann, Zeitschr. f. Biol. 1885.
76. Henoch, Vorlesungen über Kinderkrankh. 1895.
77. Hensay, Münchner med. Wochenschr. 1901.
78. Heubner und Rubner, Zeitschr. f. Biol. 38.
79. Heubner, Berliner klin. Wochenschr. 1895. Jahrb. f. Kinderheilk. 47.
80. — Lehrb. d. Kinderheilk. 1911.
81. Hoffmann, J., Inaug.-Diss. Halle 1910.
82. Holdefleiß, Berichte d. landwirtschaftl. Instituts Halle. 1895.
83. v. Hößlin, Zeitschr. f. Biol. 54.
84. — Zeitschr. f. Kinderheilk. Referate. 1. 2.
85. de Jager, Allg. med. Zentralztg. 1898.
86. Jacobi in Gerhardts Handb. d. Kinderkrankh. 1877.
87. — Festschrift zur 40jährigen Stiftungsfeier des deutschen Hospitals in New York 1909.
88. Ibrahim, Verhandl. d. Gesellsch. f. Kinderheilk. 1908.
89. — Ebenda. 1911.
90. Jacubowitsch, Jahrb. f. Kinderheilk. 47.
91. Jahn, Neues System d. Kinderkrankh. 1803.
92. Jörg, Handb. zum Erkennen u. Heilen d. Kinderkrankh. 1826.
93. Keller, Malzsuppe. Jena 1898.
94. — Zentralbl. f. inn. Med. 1899.
95. Kellner, Ernährung der landwirtschaftl. Nutztiere. 1906.
96. — Versuchsstationen. 1900.
97. Klotz, Jahrb. f. Kinderheilk. 70.

98. Klotz, Ebenda. **73.** Zeitschr. f. exper. Path. u. Therap. **8.** Monatsschr. f. Kinderheilk. **10.**
99. — Arch. f. exper. Path. u. Pharm. **67.** 1912.
100. Knieriem, zit. nach Lohrisch 120.
101. Kohlbrugge, Zentralbl. f. Bakteriol. **29. 30.**
102. — Ebenda. **60.** Heft 3/4.
103. König, Chemie der menschl. Nahrungs- und Genußmittel. Berlin 1903/04.
104. Korowin, Jahrb. f. Kinderheilk. **8.**
105. Kraus, Allg. Wiener med. Zeitg. 1898. Nr. 10.
106. Kruse, Allgemeine Mikrobiologie. 1910.
107. Kudo, Biochem. Zeitschr. **15.**
108. Lampé, Zeitschr. f. phys. u. diät. Therap. 1909/10.
109. Lang, Zeitschr. f. exper. Path. u. Therap. **8.**
110. Langstein und Meyer, Säuglingsernährung und Säuglingsstoffwechsel 1910.
111. Langstein, Verhandl. d. Kongr. f. inn. Med. 1909.
112. — Monatsschr. f. Kinderheilk. **9.** Nr. 5/6.
113. Lebert, Deutsche Zeitschr. f. prakt. Med. 1875.
114. Lehmann, K. B., Arch. f. Hyg. **19. 20.**
115. — Fr., Journ. f. Landwirtsch. 1889.
116. Lewin, Skandinav. Arch. f. Physiol. 1904.
117. Lintner, zit. nach König, Teil II.
118. Lipetz, Zeitschr. f. klin. Med. **56.**
119. Lohrisch, Zentralbl. f. d. ges. Phys. u. Path. d. Stoffwechsels 1907.
120. — Zeitschr. f. phys. Chem. **47.**
121. London und Polowzowa, Ebenda. **49. 53. 56. 60.**
122. Lust, Jahrb. f. Kinderheilk. **73.**
123. Macfadyen, Nencki und Sieber, Arch. f. exper. Path. u. Pharm. 1891.
124. Magnus-Levy, Berliner klin. Wochenschr. 1911. Nr. 27.
125. Mallèvre, Pflügers Arch. 1891.
126. Marfan, De l'allaitement artificiel. 1896.
127. Meinert, Verhandl. d. Gesellsch. f. Kinderheilk. Lübeck 1895.
128. Meyer, G., Zeitschr. f. Biol. 1871.
129. Meyer, L. F., Ergebnisse d. inn. Med. u. Kinderheilk. **1.**
130. — Therap. Monatshefte 1907.
131. Miller, Martin, Beiträge zur chemischen Kenntnis der Weizenmehle. Inaug.-Diss. München 1909.
132. Müller, Erich, Pflügers Arch. 1901.
133. — Jahrb. f. Kinderheilk. **73.** Ergänzungsheft.
134. Müller, Friedrich, Zeitschr. f. Biol. 1884.
135. Mohr, Verhandl. d. Kongr. f. inn. Med. 1911.
136. Moro, Verhandl. d. Gesellsch. f. Kinderheilk. 1905.
137. Nagao, Zeitschr. f. exper. Path. u. Therap. **9.**
138. Niemann, Jahrb. f. Kinderheilk. **74.**
139. Oppenheimer, K., Wiener klin. Rundschau 1907.
140. — C., Zeitschr. f. phys. Chem. **41. 48.**
141. Orgler, Jahrb. f. Kinderheilk. **67.**
142. — Monatsschr. f. Kinderheilk. **10.** Nr. 7.
143. — Ergebnisse d. inn. Med. u. Kinderheilk. **2.**
144. Pavy, Über den Kohlehydratstoffwechsel. 1907.
145. Passini, Jahrb. f. Kinderheilk. **73.**
146. Petit, Malys Jahresberichte 1904.
147. Pettenkofer und Ziemssen, Handb. d. Hyg. u. Gewerbekrankh.
148. Pfaundler, Zentralbl. f. Bakteriol. u. Parasitenkunde. **1.** 1902. Nr. 4.
149. Philips, Monatsschr. f. Kinderheilk. 1907.
150. Pohl, Zentralbl. f. d. ges. Phys. u. Path. d. Stoffwechsels 1906. S. 496.
151. Prausnitz, Zeitschr. f. Biol. **30.** Arch. f. Hyg. **17.**

152. Quest, Jahrb. f. Kinderheilk. **59.**
153. Raudnitz, Prager med. Wochenschr. 1893.
154. v. Reuß, Mitteil. d. Gesellsch. f. inn. Med. u. Kinderheilk. zu Wien. 1910.
155. Rieder, Zeitschr. f. Biol. 1884.
156. Rietschel, Deutsche med. Wochenschr. 1908. Nr. 19.
157. Ritter v. Rittershain, zit. nach Vierordt und Czerny-Keller.
158. Rodella, Zentralbl. f. Bakteriol. u. Parasitenkunde 1908.
159. Röhmann, Biochemie. Berlin 1908.
160. Rockwood, zit. nach Cohnheim in Nagels Handbuch.
161. Rosenfeld, Berliner klin. Wochenschr. 1906—1908. Verhandl. d. Kongr. f. inn. Med. 1907.
162. — Berliner klin. Wochenschr. 1899. Nr. 30.
163. Rothberg und Birk, Jahrb. f. Kinderheilk. **66.**
164. Rotch, Arch. of Pediatrics. **16.**
165. Roux, De l'emploi des Farines. Paris 1906.
166. Rubner, in Leydens Handb. d. Ernährungstherap.
167. — Zeitschr. f. Biol. 1879.
168. — Ebenda. 1883.
169. — Arch. f. Hyg. **66.**
170. Rumpf und Schumm, Zeitschr. f. Biol. **39.**
171. Schabad, Zeitschr. f. klin. Med. 1909/10. Jahrb. f. Kinderheilk. **72.** Monatsschr. f. Kinderheilk. **10.** Arch. f. Kinderheilk. **53.**
172. Schade, Bedeutung der Katalyse. 1908.
173. Scheunert und Grimmer, Zeitschr. f. phys. Chem. **47/48.**
174. — und Lötsch, Biochem. Zeitschr. **20.**
175. Schittenhelm und Schröter, Zeitschr. f. phys. Chem. **40.**
176. Schloßmann, Jahrb. f. Kinderheilk. **47.**
177. — Arch. f. Kinderheilk. **40.**
178. — und Moro, Zeitschr. f. Biol. **45.**
179. Schmidt-Strasburger, Die Fäces des Menschen. 1905.
180. Schmidt, Med. Klin. 1911. Nr. 9. S. 358.
181. Schütz, Deutsche med. Wochenschr. 1905.
182. Schulte-Bäuminghaus, Inaug.-Diss. Merseburg 1902.
183. Seitz, Grundriß d. Kinderheilk. 1894.
184. Sick, Deutsch. Arch. f. klin. Med. 1906.
185. Sherman und Suclair, Journ. of biological Chemistry. **3.**
186. Sittler, Die wichtigsten Bakterientypen. Würzburg 1909.
187. Steinitz und Weigert, Hofmeisters Beiträge. **6.**
188. Stocklasa, Zeitschr. f. phys. Chem. **62.** Arch. f. Hyg. 1904.
189. v. Tabora, Zeitschr. f. klin. Med. 1904.
190. Tappeiner, Zeitschr. f. Biol. 1884. 1888.
191. Terrien, Arch. de méd. des enf. 1906. 1908.
192. Thiemich, in Pfaundler und Schloßmanns Handbuch. 2. Aufl.
193. — in Feer, Lehrb. d. Kinderheilk. 1911.
194. Toerring, Arch. f. Kinderheilk. **11.**
195. Tunnicliffe, Malys Jahresberichte. **36.**
196. Uffelmann, Kurzgefaßtes Handb. d. Kinderheilk. 1893.
197. Unger, Lehrb. d. Kinderkrankh. 1894.
198. Usuki, Jahrb. f. Kinderheilk. **72.**
199. Variot, La clinique infantile. 1907.
200. Vierordt, in Gerhardts Handb. d. Kinderkrankh.
201. Vogt, Monatsschr. f. Kinderheilk. **8.** Nr. 11.
202. Voit, in Hermanns Handb. d. Physiol. **6.** 1. Teil.
203. Völtz und Yakuwa, Malys Jahresberichte. **39.**
204. Weigert, Jahrb. f. Kinderheilk. **61. 65.**
205. — Monatsschr. f. Kinderheilk. **9.** Berliner klin. Wochenschr. 1909. Nr. 21.

206. Weiser, Pflügers Arch. **98.**
207. Weiske, Journ. f. Landwirtsch. 1889.
208. — Versuchsstationen. **43.**
209. — und Flechsig, Zeitschr. f. Biol. 1886.
210. v. Wolff, Landwirtschaftl. Jahrbücher 1887.
211. Wolff, B., Beiträge zur Kenntnis der Schrotmehlgärung. Inaug.-Diss. Würzburg 1894.
212. Wohlgemuth, Deutsche med. Wochenschr. 1907. Nr. 5.
213. Zweifel, Ätiologie, Prophylaxis u. Therapie d. Rachitis. 1900.
214. — Untersuchungen über den Verdauungsapparat. 1874.
215. Zuntz, Pflügers Arch. **49.** 1891.
216. Zybell, Verhandl. d. Gesellsch. f. Kinderheilk. Karlsruhe 1911.